饮食助力 孩子更长高

胡维勤 ◎主编

新疆人民出版总社
新疆人民卫生出版社

图书在版编目（CIP）数据

饮食助力，孩子更长高 / 胡维勤主编 . -- 乌鲁木齐：新疆人民卫生出版社，2016.12
ISBN 978-7-5372-6827-1

Ⅰ. ①饮… Ⅱ . ①胡… Ⅲ . ①儿童－保健－食谱 Ⅳ . ①TS972.162

中国版本图书馆 CIP 数据核字 (2017) 第 017388 号

饮食助力，孩子更长高

YINSHI ZHULI,HAIZI GENG ZHANGGAO

出版发行 新疆人民出版总社 新疆人民卫生出版社
责任编辑 张鸥
策划编辑 深圳市金版文化发展股份有限公司
摄影摄像 深圳市金版文化发展股份有限公司
封面设计 深圳市金版文化发展股份有限公司
地　　址 新疆乌鲁木齐市龙泉街 196 号
电　　话 0991-2824446
邮　　编 830004
网　　址 http://www.xjpsp.com

印　　刷 深圳市雅佳图印刷有限公司
经　　销 全国新华书店
开　　本 723mm×1020mm　16 开
印　　张 7
字　　数 90 千字
版　　次 2017 年 6 月第 1 版
印　　次 2017 年 6 月第 1 次印刷
定　　价 19.80 元

序言 PREFACE

在养育孩子的过程中，难免会伴随着一些担心。看着那条曾经一点一点往上蹿的身高测量线，如今已许久没什么变化，父母的心里总是会感到忐忑不安。给孩子补钙、吃增高药、穿增高鞋、使用拉伸器……父母绞尽脑汁，想尽各种办法，只希望孩子能再长高一点，然而结果却总是不尽如人意。倘若父母能多了解一些与身高、儿童生长发育有关的知识，就可以在孩子成长的过程中，运用更科学的方法来帮助孩子长高。

哪些因素会影响孩子身高？孩子为什么长不高？怎样帮孩子再长高一点？相信无数父母心里都充满了这样的疑惑。诚然，遗传对孩子的身高起着决定性作用，但是我们仍然可以通过后天的努力来改变孩子的最终身高。其中，好的饮食习惯、均衡的营养供给、充足的睡眠以及合理的运动，都是后天因素中能够让孩子长高的制胜点。基于此，我们特别编写了这本《饮食助力，孩子更长高》，旨在为妈妈们提供科学全面的指导，让孩子轻松快乐地长个儿。

选择和制作精致美食，既能让孩子长高，又是一种爱的表达，作为父母，何乐而不为？您可根据书中介绍的每种食材的营养成分、增高功效和搭配宜忌等内容，自由选择适合的食材，为孩子制作美味长高饮食；还可参照孩子的年龄，从其营养需求和生长发育特点出发，搭配制作出更多美食，让长高与营养、健康同时兼顾。与此同时，考虑到孩子在四季中身高增长的特点不一，其身体对季节的反应也有所不同，本书特别精选多种颇有时令特色的四季增高美食，让孩子胃口大开，也更有针对性地为其补充生长发育所需的营养。

除了参照书中介绍的食谱制作方法外，您还可以扫描图片下方的二维码或下载“掌厨”APP，免费观看食谱的视频操作过程，并获取更多精美长高食谱。

在科学饮食的基础上，如果再辅以充足睡眠与合理运动，必定会起到事半功倍的效果，长高将不再是难题。

Contents 目录

PART 1 孩子长高的秘密

PART 2 长高食材大比拼

PART 3 孩子长高，步步为营

PART 4 缤纷四季，美食助长

孩子长高的秘密

没有哪个父母不希望自己的孩子“高人一等”，然而有时却往往事与愿违，孩子怎么也长不高。当您在为孩子长高的问题烦恼时，可曾关注过影响孩子长高以及促进儿童骨骼发育的因素呢？孩子的生长发育情况又该如何判断？怎样做才能帮助孩子长更高？本章将为您一一揭开孩子长高的奥秘，为孩子长高做足功课，让孩子从此不再“低人一等”。

长高密码大公开

孩子是否健康、是否聪明是父母关心的问题，但孩子长得是否“够高”也同样牵动着父母的心。遗传对身高的影响毋庸置疑，但是除此以外，还有哪些因素能让孩子的生长潜能得以充分发挥呢？下面就让我们一同解读孩子长高的密码。

长高的关键在骨骼

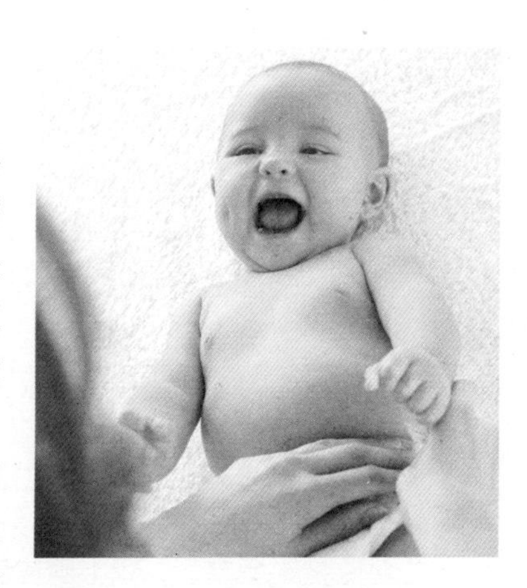

从人体形态学的角度来说，人是依靠骨骼尤其是长骨（手臂、大腿、小腿等四肢均属于长骨，手指头、脚趾头则属于短骨）的生长来长高的，也就是说长骨的长度越长，身高越高。长骨由骨干和骨骺组成。骨干和骨骺之间是干骺端，干骺端的软骨逐渐增生、分化、骨化，使长骨长长，人也随之长高。

人体的骨骼生长自胎儿期就已经开始了，婴儿期长骨生长更为明显，但是到了青春期，长骨的生长速度会减慢，至成年骨骺完全闭合，骨骼不能再纵向生长，身高也随之停止增长。一般女孩的骨骺18~20岁完全闭合，男孩的骨骺在20~22岁完全闭合，少数能延迟到25岁左右。可见，长骨骺板软骨的生长是人体长高的基础。

影响身高的神秘激素

大脑垂体中，深藏着一种可以影响人体长高的因素——激素。这些神秘激素只有当孩子开始生长发育时，才会发挥它们的作用。与身高关系密切的激素有生长激素、甲状腺素、肾上腺激素和胰岛素。

生长激素

生长激素是脑垂体分泌的一种特殊蛋白质，主要受下丘脑产生的生长激素释放素调节。通常，孩子进入熟睡后的一两个小时内，生长激素分泌量达到高峰。

生长激素通过刺激肝脏产生生长介素，间接促使骨骺软骨形成，进而使躯体增长。同时，生长激素还能促进新陈代谢和蛋白质的合成，增强肠道对食物中钙、磷等成分的吸收利用，强化骨骼。此外，生长激素能提升脑部神经传递素的浓度，强化反应力、神经敏锐度以及记忆力等。

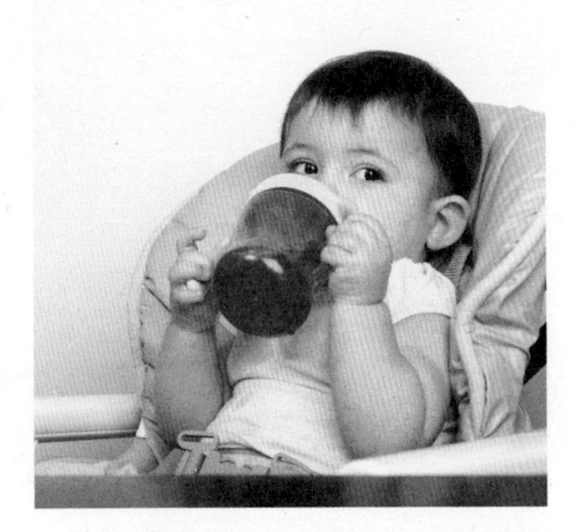

生长激素是促进骨骼和器官生长的最主要激素，是刺激生长因子的动力。生长激素分泌得多，孩子就长得快；生长激素分泌持续的时间越长，孩子就长得越高。生长激素在孩子长高的过程中有着不可取代的作用，但遗憾的是生长激素只在儿童期（学龄前期和学龄期）和青春期分泌较多，随着年龄的增长，生长激素的分泌会日益减少。

甲状腺素

甲状腺素，顾名思义就是甲状腺分泌的激素。甲状腺是藏在人颈部两侧的小腺体，受脑垂体分泌的促甲状腺控制。甲状腺素可直接作用于骨细胞，促进骨的再塑造活动，使骨吸收与骨生成同时加快，进而促进骨骺端软骨骨化，最后与骨干融合。

如果生长发育期的儿童甲状腺素分泌太少，会导致发育缓慢、长骨生长迟缓，骨骺不能及时闭合，以致身材矮小、脑部发育障碍。如果孩子甲状腺素分泌过多，会情绪亢奋，精力充沛，严重者可能出现甲亢。

肾上腺激素

在下丘脑的指挥下，肾上腺皮质会分泌性激素，性激素包括雄性激素和雌性激素。不论男孩还是女孩，体内既有雄性激素，又有雌性激素，男女体内两性激素分泌是否正常，都会影响正常的生长发育，直接关系到孩子未来的身高。青春发育期，肾上腺激素对骨骼的成熟速度起决定性作用。

雄性激素是由肾上腺皮质产生的脱氢表雄酮转化而来。其中，睾酮不仅会促进骨骼合成，维持骨质密度和强度，还能促进蛋白质的合成；雌激素除了可以促进女孩第二性的发育，还能促进钙在骨骼中的沉淀，具有加速骨骺成熟，决定骨骺最终融合的作用。如果青春期的男孩缺乏雌激素或雌激素受体，会出现骨骼到成年不愈合、身高过度增长的情况；如果女孩雌激素分泌过早过多，则会导致钙沉积过多，骨骼闭合加快，生长停滞。

胰岛素

人体内的胰岛素，主要作用是调节人体内糖类、脂肪、蛋白质等的代谢。在孩子生长的旺盛期，胰岛素具有促进生长激素分泌的作用。此外，胰岛素可促进蛋白质的合成，为孩子生长发育提供充足的营养。然而，当胰岛素分泌不足或受体异常，则会引起儿童体内糖代谢异常，进而导致孩子生长速度变缓，身材矮小。

必不可少的营养素

糖类、蛋白质、脂肪、维生素、矿物质、膳食纤维和水，被称为维持机体正常生长发育和新陈代谢、保持健康的“七大武器”。对孩子的骨骼生长来说，最为重要的要数蛋白质、维生素和矿物质中的钙、锌。

蛋白质——骨骼生长支柱

蛋白质被誉为“生命的第一要素”，是一切细胞的主要成分。孩子需要蛋白质形成肌肉、血液、骨骼、神经、毛发等，成人需要它更新组织、修补损伤和老化的机体。蛋白质在促进孩子健康成长、长高方面具有举足轻重的地位。

人体的骨骼、大脑、血液、内脏等组织都是由蛋白质组成；对孩子生长发育起重要作用的各种激素，也都是由蛋白质及其衍生物组成；参与骨细胞分化、骨形成、骨的再建和更新等过程的骨矿化结合素、骨钙素、人骨特异生长因子等物质，也均为蛋白质所构成；此外，蛋白质还是维持人体正常免疫功能、神经系统功能所必需的营养素。所以，蛋白质是骨骼生长发育的重要支柱。

维生素——生长促进元素

维生素是维持人体健康所必需的一类营养素，其通常不能在体内合成，或者合成的量难以满足机体的需要，必须由食物供给。尽管它们既不是构成机体组织的原料，也不是体内供能的物质，但是在调节物质代谢和促进生长发育、维持生理功能等方面却发挥着重要的作用。与人体骨骼的形成和生长关系密切的有维生素A、维生素D、维生素C。

维生素A

维生素A是人体必需的营养素，是人体生长的要素之一。维生素A对人体细胞的增殖和生长有着重要的作用。其与骨骺软骨的成熟有关，能促进蛋白质的生物合成和骨细胞的分化，是孩子骨骼发育不可缺少的重要营养素。当儿童体内缺乏维生素A时，会减缓骨骺软骨细胞的成熟，导致生长迟缓；而维生素A摄入过量，又会加速骨骺软骨细胞的成熟，导致骨骺板软骨细胞变形加速，骨骺板变窄，甚至早期闭合，阻碍孩子长高。

维生素D

维生素D是与身高密切相关的脂溶性维生素，也是人体所必需的营养素。维生素D在人体骨骼生长中的主要作用是调节钙、磷的代谢。通过维持血清钙、磷的平衡，促进钙、磷的吸收和骨骼的钙化，维持骨骼的正常生长，进而长高。如果体内缺乏维生素D，骨骺对钙、磷的吸收与沉积则会减少，出现佝偻病或软骨症，使孩子身材矮小。但是，维生素D摄入过多会使肠道对钙、磷的吸收增加，对甲状腺抑制作用增强，使血钙增加，引起骨硬化。给孩子补充维生素D的推荐途径是多晒太阳。

维生素C

维生素C是从食物中获取的水溶性维生素，对胶原质的形成很重要，也是骨骼、软骨和结缔组织生长的主要要素。同时，其还能促进儿童生长发育、提高免疫力和大脑灵敏度。当体内维生素C缺乏时，骨细胞间质会形成缺陷而变脆，进而影响骨的生长。

钙——健骨长高原动力

钙是人体内含量较高的矿物质，占人体体重的1.5%～2%。骨骼是钙沉积的主要部位，人体内约99%的钙集中于骨骼中。因此，钙是构成骨骼的主要成分，也是骨骼发育的基本原料，孩子长高与钙的吸收有着直接的关系。

孩子身高增长的过程实质上是骨骼发育生长的过程，而骨骼的生长本身就是骨骼钙化的过程，加之孩子处于生长发育期，对钙的需求量大，一旦钙摄入不足，骨骼的生长发育就会变缓，形成佝偻病、“X”或“O”形腿，导致身材矮小。倘若长期补钙过量，则可能导致软骨过早钙化，骨骺提早闭合，长骨的发育受到影响，而骨中的钙含量过多，还会使骨质变脆，易发生骨折。因此，给孩子补钙，也要适量。

锌——孩子的“生命之花”

锌，人体主要的必需微量元素之一，主要存在于制造激素的原料——蛋白质和酶中。锌是促进生长发育的关键元素之一，它对骨骼生长有着重要的作用。

其一，锌是人体中众多酶不可缺少的部分，而有些酶与骨骼生长发育密切相关。

其二，锌缺乏会影响生长激素、肾上腺激素以及胰岛素的合成、分泌及活力。

其三，锌摄入不足会使蛋白质的合成减少，阻碍孩子的智力发育和生长发育。

其四，锌是影响人体免疫功能较为显著的元素，一旦儿童免疫系统受到影响，机体对疾病的抵抗力、正常的新陈代谢都会发生改变，就会阻碍儿童的正常发育。

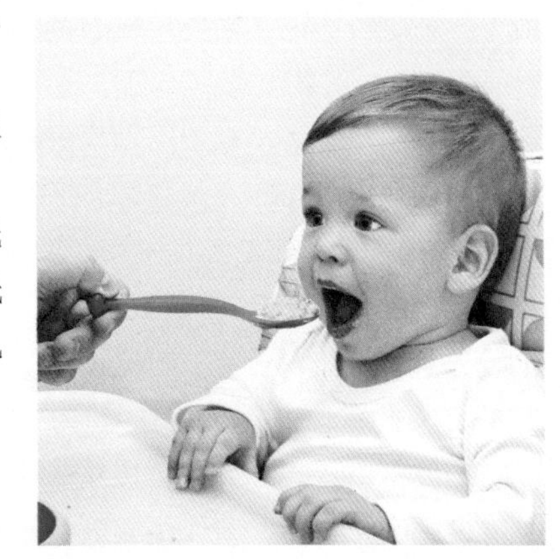

关于孩子身高你该知道的事

孩子比同龄人要矮，成年后会不会也比一般人矮？面对这样的问题，谁也无法给出肯定的答案，父母难免有些担忧。那么，该怎样正确评估孩子的生长发育情况呢？孩子身材矮小，到底是谁之过？父母的爱溢于言表，为让孩子长得更高，不妨先做点功课。

学会科学测量孩子身高

身高是体型特征中重要的一项指标，正确的测量方法是获得孩子身高增长数据的前提，也是及时掌握孩子生长发育情况的重要手段。儿童应每年测量2次（最好每季度测量1次）。身高测量看似简单，但也要讲究方法。

首先，测量时间、工具要一致

人的身高在一天中会有差异，通常上午高于下午。这是因为，经过一天的活动和体重压迫，椎间盘变薄、脊柱弯曲度增加以及足弓变浅，所以人的身高一般早上要比晚上高0.5～1.0厘米。因此，身高测量要在同一时间段进行，且测量工具最好一致，以减小测量误差。

其次，注意测量时的姿势

3岁以下婴幼儿测量身高：先准备一块硬纸板（硬纸板约长120厘米），将硬纸板铺于木板床上或靠近墙边的地板上；然后脱掉孩子鞋袜、帽子、外衣裤和尿布，让孩子仰卧在硬纸板上，四肢并拢并伸直，使孩子的两耳位于同一水平线上，身体与两耳水平线垂直；接着用书本固定孩子头部并与地板（床板）垂直，并画线标记；用一只手握住孩子两膝，使两下肢互相接触并贴紧硬纸板，再用书抵住孩子的脚板，使之垂直于地板（床板），并画线标记；用皮尺量取两条线之间的距离，即为身高。

3岁以上儿童和青少年测量身高：测量前，被测者应先脱去鞋袜、帽子和外套，靠墙站立，取立正姿势，双手自然下垂贴于大腿外侧，脚跟靠拢，脚尖向外略分开，脚跟、臀部、两肩胛角均同时靠着墙面，头部保持正直位置；测量者手持硬纸板，让板底与头顶部正中线的最高点接触，并画线标记；用尺量出地面到标记线的垂直距离，即为身高。

靶身高的计算

靶身高也叫遗传身高，是成年后能达到的最终身高。靶身高反映了父母平均身高，即遗传对儿童身高的影响。儿童靶身高可按以下方式计算：

男孩成年身高（厘米）=（父亲身高+母亲身高+12）÷2±4

女孩成年身高（厘米）=（父亲身高+母亲身高-12）÷2±4

根据以上方式计算出的身高范围对大部分孩子有效。如果孩子现在的身高和最终身高在靶身高范围内，是正常的，反之则应寻找原因并进行干预。

骨龄反映身高潜力

孩子身高的增长要结合“骨龄”一起评估。所谓骨龄，就是骨骼年龄的简称，是用小儿骨骼实际发育程度与标准发育程度进行比较，所求得的一个发育年龄。

由于人体骨骼发育的变化基本相似，每一根骨头的发育过程都具有连续性和阶段性，不同阶段的骨头具有不同的形态特点，因此，骨龄能较为精确地反映人从出生到完全成熟的过程中各年龄段的发育水平。骨龄在很大程度上代表了儿童身体的真正发育水平，用骨龄判定儿童的生长发育情况比实际年龄更为确切。

医生通常会根据拍摄的手腕部X光正位片来确定骨龄。正常人的骨龄与生理年龄一致或较为相近，但是，在疾病状态下，则可能有较大的差异，如生长激素缺乏时，骨龄低于生理年龄；性早熟时，骨龄则会大于生理年龄。通常，骨龄与生理年龄相差±2岁以内为正常范围。

学会正确评估孩子生长状况

尽管每个孩子的生长发育都不相同，不过还是有一个大致的趋势。就大多数情况而言，孩子出生时的平均身高约为50厘米；出生第1年内，身高增长速度最快，平均增长20~25厘米；1~3岁，平均每年增长8~10厘米；3岁后，增长速度逐渐递减，每年增长5~7厘米。

以上趋势，大致反映了孩子身高的年增长速率，3岁以前是孩子身高生长速率的第一个高峰期；自3岁到青春期前，生长速率较为平稳，呈缓慢下降趋势；青春期开始后，生长速率进入第二个高峰期。据此，父母可根据每年孩子的身高，绘制其生长曲线，并参照儿童标准生长曲线，及时检测孩子的生长发育情况。这些可以通过“儿童成长管理APP”来完成，一旦孩子某一阶段的生长发育情况与正常情况差异较大，父母应及早带孩子就医。

什么阻碍孩子长高

医学上将身高处于同性别、同年龄正常健康儿童生长曲线第3个百分位数以下，或者低于2个标准差者，称为身材矮小。家长可通过以下方式，更为简单直接地判断孩子是否身材矮小：如果孩子在班上按身高站队时站前3个，或2岁之后每年身高增长低于5厘米，或一个尺码的衣服、鞋子穿几年都不小，则孩子身材矮小。

影响孩子身材矮小的因素很多，大致包括以下几个方面：

遗传

遗传基因对孩子的身高有不可否认的重要作用。孩子生长发育的特征、潜力、趋向、限度等都受父母双方遗传因素的影响。一般来说，高个子父母所生孩子的身高要比矮个子父母所生同龄孩子的身高要高一些。

营养

充足而均衡合理的营养是孩子生长发育的物质基础。营养的供给会影响身高的增长和身体其他各系统的功能，并且年龄越小，受营养的影响越大。其中，营养不良、缺乏核心营养素及营养过剩均会阻碍孩子长高。

营养不良阻碍长高

营养不良是因缺乏热量和蛋白质所致的一种营养缺乏症。在孩子生长发育的各个阶段，营养不良都会对健康和发育造成损害，尤其是在生长发育关键期受损，则会影响下一阶段的生长，有时这种影响还是终生的。

婴幼儿营养不良，会严重影响孩子的身高、体重及身体各个器官的发育，尤其是对大脑和骨骼的影响较为明显，使孩子日后的体格发育、运动能力和智力发育均落后于正常孩子。

儿童期营养不良，会减缓骨骼的成熟，影响骨的长度和骨皮质的厚度，并延迟青春期生长突增开始的年龄，造成体格矮小。

青春期营养不良，可能造成孩子突增的幅度小，或是开始突增的年龄推迟，长高的可能性大大降低。

核心营养素缺乏阻碍长高

钙、锌、维生素A、维生素D及维生素C长期摄取不足，都会直接影响到孩子的骨骼生长。

疾病

有些孩子出生就伴有某种生理疾病，如小儿麻痹症、先天性小儿甲状腺激素缺乏症、先天性软骨发育不全、染色体疾病等，或患有急性传染病、慢性疾病（如慢性肝炎、慢性肾炎、慢性贫血）以及佝偻病等，如果得不到及时的治疗，都会造成孩子生长发育迟缓或不足。

另外，治疗疾病的过程中，一些药物，如利他林和某些刺激性药物，对孩子的生长发育也会有所损害。

心理因素

健康不仅是身体健康，还包括心理健康，并且二者会相互影响。心理学家发现，孩子的精神状况与长高有着重要的联系。因精神因素造成的孩子身高缺陷，医学上称为“心理性矮小”或“精神剥夺性侏儒症”。父母离异、父母患心理疾病、缺少关爱、孩子与父母关系不和谐、学习成绩差、升学压力大……都会增加孩子的精神压力，使脑垂体分泌激素减少，胃肠道功能降低，影响食欲和营养的吸收，从而使孩子身高受到限制。

孩子长高的秘诀

尽管孩子的最终身高大部分由遗传决定，但仍有约30%的因素是由后天环境所决定。抓住了这些后天因素，也就抓住了孩子长高的秘诀。让孩子赢在“高”处，父母不得不注意以下几点：

把握黄金期，长高更加速

按照生长规律，孩子的身高增长有三个关键期：婴幼儿期、儿童期、青春期。这三个发育高峰阶段，正是孩子长高的“黄金期”。针对孩子长高的不同时期，父母要因时制宜，为孩子长高“护航”。

婴幼儿期——快速长高期

婴幼儿期是一个从初生状态逐渐趋向遵循其遗传素质规律的过程，是孩子长高的关键期。

合理喂养

4～6个月时，孩子的吞咽反应会逐步取代伸舌反应。从4个月起逐渐给孩子添加辅食，可以很好地帮助孩子从流质饮食向半固体、固体饮食过渡。如果不能及时完成这种过渡，孩子吃固体食物时就不能下咽、容易呕吐，进而影响孩子正常的生长发育。

食物多样化

如果婴幼儿时期的食物品种过于单调，到了儿童期，出现偏食、挑食的可能性将会大大增加。并且，食物多样化，也可保证孩子营养均衡、全面，为孩子生长发育打好基础。

睡眠充足

为孩子营造安静、舒适的睡眠环境。自孩子出生4个月开始，可逐渐减少夜间授乳的次数，保证孩子在晚上10点至凌晨2点处于深度睡眠状态。白天可适当安排孩子午睡。

儿童期——平稳长高期

儿童期孩子的身高增长依然较快，只是增加幅度较婴幼儿期放缓，身高增长速度趋于平缓。

关注孩子每年的身高增长

人的生长速度并不是均衡的，每个人都有自己的特点。一般，每隔3～6个月要给孩子测量一次身高，每年增高5～7厘米属于正常，否则，就需要带孩子就诊了。

预防孩子性早熟

在平常生活中，父母应注意观察孩子的生理变化，一旦发现孩子有性早熟倾向，除了要及时带孩子就医检查外，还要特别关注孩子的心理变化，帮助孩子适应自己身体的新变化。此外，在饮食方面，父母不应给孩子喝加工饮料、吃含性激素的食品或成人补品，如蜂王浆、人参、益母草、肉苁蓉等。

多参与户外活动

户外活动不但能训练孩子的运动能力和人际交往能力，还能促进新陈代谢，使孩子长更高。这一阶段，孩子的运动能力逐渐增强，家长要多鼓励孩子与同伴玩耍、参与学校的体育运动及家中的辅助运动。

青春期——生长高峰期

青春期是孩子长高的第二个高峰期。大部分男孩身高增长较快的年龄为13～15岁，女孩为11～13岁。为了让孩子长得更高，家长尤其应注意孩子的身高变化、营养、运动和心理等问题。

关注孩子发育后的身高突增

女孩在乳房发育后1年左右，男孩在变声前，身高增长加速。女孩初潮后平均可再长5厘米，男孩变声后可再长5～10厘米。

睡眠、运动帮助孩子长得更高

充足的睡眠和适当的运动有助青春期孩子的快速生长，尤其是运动，可显著增加孩子的生长速度（即使在初潮出现后也是如此），同时还能延长身高突增的持续时间。

为孩子减压

升学是青春期孩子面对的主要压力。加之父母的期望和念叨，青春期生理、心理的变化，都会加大孩子的压力。父母要理解孩子面对的压力，多与孩子沟通，同时尊重和适当引导孩子的行为，而非强制命令孩子遵从家长的想法行事。

补充能量，科学饮食

膳食均衡

处于生长发育期的孩子，只有摄取种类丰富的食物，才能保证营养素的全面均衡，促进生长发育和提高免疫力。其中谷物、肉、蛋类、蔬果以及奶类，可为孩子成长提供糖类、脂肪、蛋白质、维生素、矿物质等营养素，它们是构成平衡膳食的主要食物。

蛋白质供应充足

处于生长发育期的孩子，对蛋白质的需求比成人高很多，如果供给不足，则会直接影响到身高增长。在日常饮食中，父母可多为孩子准备诸如猪瘦肉、鱼虾、禽蛋、乳类、豆类及其制品等蛋白质含量丰富的食物。此外，青少年还应适当补充肉皮、猪蹄、鸡、甲鱼等富含胶原蛋白和黏蛋白的食物。

适量补充维生素

新鲜的蔬菜，如白菜、胡萝卜、黄瓜、青椒、西红柿等；新鲜的水果，如橘子、香蕉、梨、苹果、葡萄；动物肝脏、蛋黄、牛奶、奶酪等食物中含有对孩子长高有益的维生素A、维生素D、维生素C等维生素，平时可多给孩子食用。

矿物质必不可少

钙、锌与儿童的生长发育和长高有密切的关系，这些营养素缺乏会使身材矮小。在饮食中需要适量补充含钙或锌高的食物，如虾皮、牛奶、鸡蛋、鱼、芝麻酱、豆类及其制品等含钙量高的食物，动物肝脏、牛肉、羊肉、花生、核桃、芝麻等含锌量高的食物。

饮水需充足

水是生命之源。儿童体内水分含量相较于成人要多，占体重的70%～75%。孩子生长发育快，新陈代谢旺盛，需要的热量多，需水量也较大。水分可促进新陈代谢，使体内的毒素易于排出，进而有助于生长发育。婴幼儿每天都需要饮用适量的白开水；儿童每日饮水量需达2000毫升以上。不宜选用加工果汁、碳酸饮料作为孩子的日常饮水。

由于水没有味道，有些孩子可能不喜欢喝，父母可以为孩子选购一个漂亮的杯子，以引起孩子喝水的兴趣。

防治营养过剩与肥胖

营养过剩和肥胖均会限制孩子长高。营养过剩，是引起儿童肥胖的一个重要因素。与此同时，肥胖儿童大多喜食高热量、高脂肪和含糖量高的食物，这又会使孩子进一步营养过剩，形成恶性循环。

防治孩子营养过剩与肥胖，需要培养孩子健康的饮食习惯，合理摄取蛋白质，增加饮食中新鲜蔬果、粗粮的摄入量，以补充膳食纤维，控制体重增长；不盲目进食高脂肪、高糖食品以及补品，少吃零食、膨化食品、洋快餐和油炸食品；不长时间坐着看电视，多参与体育锻炼，通过增加日常活动量，来消耗多余的热量和脂肪。

忌盲目进食保健品

有些父母由于担心孩子营养不足或不够健康，会为孩子购买一大堆保健品，且强迫孩子食用。有些保健品给儿童食用，不但无益，反而有害。长期食用保健品，会造成基本营养素缺乏。更为可怕的是，某些保健品中含有激素类成分，长期食用会导致孩子肥胖、性早熟，还可能诱发高血压等疾病。这样不仅使孩子长高的时间大大缩短，还对孩子的健康非常不利。

培养健康的饮食习惯

不良的饮食习惯，如不吃早餐、零食食用过量等均会妨碍孩子身体的正常发育，阻碍孩子长高。因此培养孩子健康的饮食习惯非常重要。

第一，定时定量进餐。让孩子按时吃饭，两餐间隔时间推荐为4～6小时，以保证胃肠道充分消化吸收营养和保持旺盛的食欲，避免让孩子过度饥饿或过度饱食。

第二，吃好早餐。儿童不吃早餐或早餐吃得不好，不但无法满足孩子上午的热量需求，还可能造成代谢紊乱、生长发育迟缓等问题。父母应重视孩子吃早餐的问题，为孩子准备的早餐应清淡少油、品种多样，最好包括豆浆等大豆制品或牛奶、鸡蛋、谷物以及新鲜蔬果。

第三，细嚼慢咽。应引导孩子吃东西时细嚼慢咽，食物经过充分的咀嚼，不仅可以提高胃肠道的消化吸收率，还能促进口腔运动和锻炼脸部肌肉。

第四，快乐用餐。吃饭时心情好，不仅可以增进食欲，还能促进消化液的分泌，使胃肠道对营养的吸收更充分。父母应为孩子营造愉快的就餐环境，不要在餐桌上教育孩子。

充足睡眠，长高不难

孩子熟睡时的生长速度是醒着时的3倍，这是由于脑垂体在孩子熟睡时会分泌更多的生长激素。人在睡眠时肌肉放松，也有利于关节和骨骼的伸展。睡眠不足或睡眠质量不高，会使孩子出现反应迟钝、吃饭胃口差、体重增长缓慢、记忆力减退、注意力不集中等问题。因此，保证充足的睡眠时间，提高睡眠质量，对孩子生长发育至关重要。

不同年龄段儿童一昼夜所需的睡眠时间不同：新生儿，14～16小时；2～3个月，14～18小时；5～9个月，13～16小时；1～3岁，12～14小时；4～6岁，11～12小时；7～10岁，10小时；10～14岁，9小时；青春期，9～10小时。

父母要培养孩子按时睡觉、按时起床的习惯，久而久之，孩子的作息时间便会形成规律；为孩子创造良好的睡眠环境，保持卧室空气清新，且避免噪声和强光；指导孩子养成正确的睡姿，宜选择右侧卧睡，避免蒙头大睡；睡觉前不要让孩子做太过兴奋或活动量大的运动，以免孩子难以入眠；白天可适当安排孩子午睡，以半小时为宜。

合理运动，推助长高

运动可以加强机体新陈代谢，加速血液循环，促进生长激素的分泌，使骨骼变长、骨密度增高、骨重量增加。同时，运动还可消耗体能，使孩子的体液由酸性向弱酸性过渡，有利于血液中的钙向骨骼转移，让孩子长得更高。另外，运动能增进食欲、保证睡眠质量，间接促进孩子骨骼、肌肉的发育。

对孩子骨骼发育有益的运动包括跑步、跳跃、引体向上、单杠、自由体操、打排球、打篮球、打网球、打羽毛球、游泳等，它们都能不同程度地促进骨骼、软骨的生长。不过儿童在做这些运动时要讲究技巧，才能达到事半功倍的效果。然而，并非所有的运动都对增高有利，有些运动则可能抑制孩子长高，儿童要避免过早进行举重、相扑、摔跤、划船、负重跑等运动。

长高食材

大比拼

小麦 青椒 鸭肉 牛肉 牛奶 三文鱼

青豆 海带 鸽子肉 猪肝 牡蛎 鳕鱼

蚕豆 木耳 鸡肉 奶酪 虾米

小麦

『推荐烹调法』
煮、蒸

▶营养成分：含糖类、粗纤维、蛋白质、脂肪、钙、磷、铁、钾、锌、维生素B_1、维生素B_2、烟酸、生物素、维生素E等。

增高功效

小麦含蛋白质较高，是人体蛋白质和热量的重要来源，且含有多种维生素，有助于儿童的体格发育。此外，常食小麦还能促进睡眠，可辅助增高。

营养分析

小麦中的膳食纤维可以促进胃肠蠕动，预防儿童便秘。而维生素B_1和维生素B_2是维持人体正常生长机能和代谢活动必不可少的物质，能维持神经系统和皮肤的健康，参与能量代谢，增强体力、滋补强身。

温馨提示

1.选购小麦粉时要注意观察其色泽。优质的小麦粉色泽为白中略带浅黄色，如果颜色为灰白色或青灰色则不宜购买。选购时还可以用手将其握紧成团，久而不散的小麦粉所含水分较高，不易储存。

2.民间有“麦吃陈，米吃新”的说法，存放时间适当长些的面粉比新磨的面粉品质好。

搭配宜忌

✔小麦+荞麦 营养更全面

✔小麦+莜麦 提供全面营养

✔小麦+大枣 治疗腹泻

✘小麦+枇杷 导致腹痛

小麦玉米豆浆

◐原料：

水发黄豆40克，水发小麦20克，玉米粒15克

◐做法：

1.将已浸泡8小时的小麦、黄豆倒入碗中，注入适量清水，用手搓洗干净。

2.把洗好的食材倒入滤网，沥干水分。

3.将洗净的食材倒入豆浆机中，再加入洗净的玉米粒；注水至水位线。

4.盖上豆浆机机头，选择“五谷”程序，再选择“开始”键，开始打浆。

5.待豆浆机运转约20分钟，即成豆浆；将豆浆机断电，取下机头。

6.把煮好的豆浆倒入滤网，滤取豆浆。

7.将滤好的豆浆倒入杯中即成。

专家点评

玉米和小麦都含有丰富的膳食纤维，能提高儿童食欲、帮助消化；玉米中还含有蛋白质、亚油酸、钙、磷等营养成分，能提高儿童免疫力、促进生长发育。

长高食谱

红米小麦红薯粥

◐原料：

水发红米180克，水发小麦140克，花生米80克，红薯75克

◐做法：

1.去皮洗净的红薯切滚刀块，备用。

2.砂锅中注入适量清水烧热，倒入洗净的小麦。

3.盖上盖，烧开后用小火煮约20分钟，至其变软。

4.倒入洗净的红米、花生米，放入红薯块，搅拌匀；用小火续煮约30分钟，至食材熟软。

5.关火后揭盖，搅拌几下，盛出煮好的红薯粥。

6.装入碗中，待稍凉后即可食用。

专家点评

小麦含有淀粉、蛋白质、维生素A、B族维生素、维生素C、钙、铁等营养成分，对维持身体各项功能正常运转、促进骨骼发育有一定作用。

青豆

『推荐烹调法』
煮、炒、蒸

▶营养成分：含有蛋白质、脂肪、糖类、不饱和脂肪酸、胡萝卜素、大豆磷脂、角苷、蛋白酶抑制剂、异黄酮、铁、钙、磷等。

增高功效

青豆富含优质蛋白和钙、磷等成分，既能维持机体钙、磷代谢平衡，有助于钙的利用，又能为孩子的长骨发育创造良好的物质条件，对儿童长高有利。

营养分析

青豆含有多种必需氨基酸，尤以赖氨酸含量为高，与谷物搭配食用，具有蛋白质互补的作用，有助于儿童的生长发育。青豆富含不饱和脂肪酸，有健脑益智和防止脂肪肝形成的功效。常食青豆还能预防儿童贫血。

温馨提示

1.挑选青豆时，不宜买颜色过于鲜艳的；买回青豆后，可以用清水浸泡一下，若不掉色，且剥开后的芽瓣是黄色的，则说明是好青豆。

2.青豆适合与红肉搭配食用，能较好地补充动物蛋白和植物蛋白，且色泽亮丽，适合儿童食用。

搭配宜忌

✔青豆+排骨　补钙

✔青豆+玉米　明目

✔青豆+虾仁　健脾益气、清热解毒

✘青豆+沙丁鱼　诱发疾病

青豆豆浆

原料：

青豆100克

调料：

白糖适量

做法：

1.将去壳的青豆装入大碗中；倒入适量清水，搓洗干净；放入干净的滤网中，沥干水分。

2.把青豆放入豆浆机中，加入适量清水，至水位线即可。

3.选择“五谷”程序，按“开始”键，待豆浆机运转约15分钟，即成豆浆。

4.把榨好的豆浆倒入滤网，滤去豆渣。

5.将豆浆倒入小碗中，加入适量白糖，搅至溶化，待稍微放凉后即可饮用。

专家点评

青豆含有蛋白质、不饱和脂肪酸、膳食纤维、胡萝卜素、B族维生素等营养成分，可以改善脂肪代谢，防止肥胖影响儿童身高发育。

长高食谱

青豆鸡丁炒饭

原料：

米饭180克，鸡蛋1个，青豆25克，彩椒15克，鸡胸肉55克

调料：

盐2克，食用油适量

做法：

1.彩椒、鸡胸肉切成小丁块，鸡蛋打散、拌匀，待用。

2.开水锅中倒入洗好的青豆，煮约1分30秒，至其断生，再倒入鸡胸肉，拌匀，煮至变色；捞出食材，沥干。

3.用油起锅，倒入蛋液，炒散；放入彩椒、米饭，炒散；倒入汆过水的食材，炒至米饭变软；加少许盐，炒匀调味。

4.关火后盛出炒好的米饭即可。

专家点评

鸡胸肉有补虚强身的作用，鸡蛋含有钙、磷、维生素D等促进骨骼生长的营养成分，两者搭配食用，具有强身健体、增高助长、益气补血等功效。

蚕豆

『推荐烹调法』
煮、蒸、炒

►营养成分：含蛋白质、糖类、脂肪、粗纤维、磷脂、胆碱、维生素B_1、维生素B_2、烟酸和钙、铁、锌、钾、磷等多种矿物质。

增高功效

蚕豆含有丰富的钙，有利于骨骼对钙的吸收，促进儿童骨骼的生长发育；且蚕豆富含的蛋白质，是组成儿童骨骼的重要有机物。

营养分析

蚕豆有益气健脾、利湿消肿的功效，能较好地改善儿童食欲，促进营养物质的吸收；且含有丰富的胆石碱，能调节大脑和神经组织的发育，有增强儿童记忆力的作用。

温馨提示

1.购买新鲜蚕豆时，需注意蚕豆上的筋，若为绿色，则说明是新鲜的。

2.蚕豆含有致敏物质，过敏体质的人吃了会出现不同程度的过敏、急性溶血等中毒症状，有蚕豆过敏经历的儿童一定不要再吃。

搭配宜忌

✓ 蚕豆+枸杞 清肝祛火

✓ 蚕豆+猪蹄 补气

✓ 蚕豆+白菜 增强抵抗力

✗ 蚕豆+海螺 引起腹胀

蚕豆西葫芦鸡蛋汤

专家点评

鸡蛋中富含的蛋白质、氨基酸、钙、铁、锌等，能提高钙的吸收率、促进血液循环，搭配蚕豆食用，能为骨骼生长输送更多营养，加速骨骼生长。

原料：

蚕豆90克，西葫芦100克，西红柿100克，鸡蛋1个，葱花少许

调料：

盐2克，鸡粉2克，食用油少许

做法：

1.锅中注水烧开，倒入蚕豆，煮1分钟，捞出，沥干。

2.把蚕豆外壳剥去；西葫芦、西红柿切成片，鸡蛋打散调匀。

3.开水锅中放入适量盐、食用油、鸡粉；再倒入西红柿、西葫芦、剥好的蚕豆，搅匀。

4.煮2分钟；倒入蛋液，搅至液面浮起蛋花；撒上葱花，煮至断生后装碗。

韭菜虾米炒蚕豆

专家点评

虾米除含有蛋白质及钙外，还含有能促进钙吸收的镁元素，搭配蚕豆食用，能补充幼儿生长发育期所需的钙质，起到强健骨骼、增高助长的作用。

原料：

蚕豆160克，韭菜100克，虾米30克

调料：

盐3克，鸡粉2克，料酒5毫升，水淀粉、食用油各适量

做法：

1.韭菜切段；开水锅中加盐、食用油；倒入洗好的蚕豆，搅匀，煮至断生后捞出，沥干。

2.用油起锅，放入洗净的虾米，用大火炒香；倒入韭菜，翻炒至其变软。

3.淋入料酒，炒香、炒透；加入盐、鸡粉，炒匀调味；

4.倒入备好的蚕豆，炒熟，水淀粉勾芡，装盘即成。

青椒

『推荐烹调法』
蒸、炒、煎

▶营养成分：含蛋白质、糖类、脂肪、维生素B_1、维生素B_2、胡萝卜素、维生素C、维生素P、钠、钾、磷、镁、锌、硒等。

增高功效

青椒是含维生素C较高的蔬菜，能激活羟化酶，促进骨骼组织中胶原物质的形成，从而增强儿童的运动机能，刺激运动细胞，促进骨骼的生长。

营养分析

青椒中含有促进维生素C吸收的维生素P，维生素P能强健毛细血管，改善机体造血功能。青椒中含有芬芳辛辣的辣椒素，能帮助消化。青椒含有的叶绿素能防止机体吸收多余的脂肪，预防儿童肥胖。

温馨提示

1.选购青辣椒时，应以成熟的为佳，外观新鲜、厚实、明亮，肉厚；顶端的柄，也就是花萼部分是新鲜绿色的；未成熟的青椒较软，肉薄，柄呈淡绿色。

2.青椒的食用方法：将青椒放入加热到90℃的5%的纯碱水中浸泡3~4分钟，捞出晾干，好看又好吃。

搭配宜忌

✔青椒+鸡蛋　有利于维生素的吸收

✔青椒+鸡翅　补充维生素C

✔青椒+紫甘蓝　促进胃肠蠕动

✘青椒+黄瓜　破坏维生素C

西红柿青椒炒茄子

原料：

青茄子120克，西红柿95克，青椒20克，花椒、蒜末各少许

调料：

盐2克，白糖、鸡粉各3克，水淀粉、食用油各适量

做法：

1.青茄子切滚刀块，西红柿、青椒切小块；油锅烧至三四成热。

2.倒入切好的茄子，拌匀，中小火略炸，再放入青椒块，炸出香味；捞出食材，沥干油。

3.用油起锅，倒入花椒、蒜末；倒入炸过的食材和西红柿，炒出水分。

4.加盐、白糖、鸡粉、水淀粉，炒匀装盘。

专家点评

茄子与青椒都含有维生素P、镁、铁等营养成分，具有改善血液循环、提高免疫力等功效；搭配富含维生素C及维生素A的西红柿食用，能维持骨骼的正常发育。

长高食谱

青椒炒鸡丝

原料：

鸡胸肉150克，青椒55克，红椒25克，姜丝、蒜末各少许

调料：

盐2克，鸡粉3克，豆瓣酱5克，料酒、水淀粉、食用油各适量

做法：

1.红椒、青椒、鸡胸肉切成丝；鸡肉丝中加盐、鸡粉、水淀粉，抓匀。

2.加入食用油，腌渍10分钟至入味；开水锅中加入食用油，放入红椒、青椒。

3.煮至七成熟，捞出；用油起锅，放姜丝、蒜末，倒入鸡肉丝，炒至变色。

4.放入青椒和红椒，加豆瓣酱、盐、鸡粉、料酒，炒匀，装盘即成。

专家点评

鸡肉中含有丰富的优质蛋白，易被人体消化吸收，对骨细胞的增生和肌肉、脏器的发育十分有利；搭配青椒食用，还能补充儿童长高所需的维生素P。

海带

『推荐烹调法』
煮、拌

▶营养成分：海带含蛋白质、多不饱和脂肪酸、碘、钾、钙、镁、铁、维生素A、B族维生素、维生素C、维生素P、藻胶酸、昆布素等。

增高功效

海带含有骨骼发育的原材料——钙，能使骨质钙化。此外，海带还富含碘元素。碘对甲状腺激素的合成有重要作用，可促进骨及软骨细胞的生长。

营养分析

海带是热量低的食物，含丰富的甘露醇，有利尿消肿的作用，且含有的膳食纤维还能促进胃肠蠕动，有助于体内废物的排泄，能预防儿童肥胖。常食海带，还能预防“粗脖子病”。

温馨提示

1.挑选海带时，宜选择表面有白色粉末状物质的，此物质大多为碘和甘露醇。另外，叶片宽厚或紫中微黄的也较好。

2.制作海带时，应先将海带洗净，再浸泡，然后将浸泡的水和海带一起下锅做汤食用，这样可避免溶于水的营养素流失。

搭配宜忌

✔ 海带+豆腐 补充碘

✔ 海带+生菜 促进铁的吸收

✔ 海带+芝麻 改善血液循环

✘ 海带+猪血 引起便秘

淡菜海带排骨汤

原料：

排骨段260克，水发海带丝150克，淡菜40克，姜片、葱段各少许

调料：

盐、鸡粉各2克，胡椒粉少许，料酒7毫升

做法：

1.锅中注水烧开，放排骨段，拌匀；淋入料酒，用大火略煮一会儿；汆去血水，捞出。

2.砂锅中注水烧热，倒入汆过水的排骨段；撒上姜片、葱段，倒入洗净的淡菜；放入洗好的海带丝，淋入料酒。

3.烧开后用小火煮约50分钟至食材熟透。

4.加入少许盐、鸡粉，撒上适量胡椒粉，拌匀，煮至汤汁入味，装盘。

专家点评

此道膳食含有丰富的钙、磷酸钙、骨胶原、骨黏蛋白等营养成分，能及时补充人体所必需的骨胶原等，增强骨髓造血功能，有助于骨骼的生长发育。

长高食谱

芝麻双丝海带

原料：

水发海带85克，青椒45克，红椒25克，姜丝、葱丝、熟白芝麻各少许

调料：

盐、鸡粉各2克，生抽4毫升，陈醋7毫升，辣椒油6毫升，芝麻油5毫升

做法：

1.红椒、青椒切开，去籽，再切细丝；海带切细丝，再切长段。

2.开水锅中倒入海带拌匀，煮至断生。

3.放入青椒、红椒，拌匀，略煮；捞出，沥干；大碗中倒入焯过水的材料。

4.放入姜丝、葱丝，拌匀；加入盐、鸡粉、生抽、陈醋、辣椒油、芝麻油，拌匀；撒上熟白芝麻，拌匀，装盘。

专家点评

芝麻及海带都是含钙较高的食物，且含有不饱和脂肪酸、甘露醇、维生素B_1等营养成分，具有辅助骨骼生长、增强免疫力、促进大脑发育等功效。

木耳

『推荐烹调法』
煮、炒、拌

►营养成分：含蛋白质、糖类、膳食纤维、钾、钙、磷、镁、锌、铁、硒、胡萝卜素、维生素B_1、维生素B_2、烟酸、维生素E等。

增高功效

木耳是含钙较高的菌菇类食物，能促进骨骼钙化，使软骨细胞不断生长，加速骨松质的构建，进而加快长骨的生长，适合长高儿童食用。

营养分析

木耳有补气、滋阴、活血、通便等功效，能帮助消化系统将无法消化的异物溶解，防治小儿疳积，预防儿童贫血。其含有的蛋白质、维生素和矿物质是儿童生长发育所必需的，有助于各组织器官的发育。

温馨提示

1.购买木耳时，宜选用干木耳。因为，鲜木耳中含有一种卟啉的光感物质，食用后会引起皮肤瘙痒。

2.优质黑木耳正反两面的色泽不同，正面应为灰黑色或灰褐色，反面应为黑色或黑褐色。

3.黑木耳可用盐水清洗，但浸泡时间不宜过长，以免造成营养物质的流失。

搭配宜忌

✓木耳+海蜇　润肠美肤

✓木耳+卷心菜　健胃、补脑、强身

✓木耳+猪血　增强体质

✗木耳+萝卜　引发皮炎

黄瓜炒木耳

原料：

黄瓜180克，水发木耳100克，胡萝卜40克，姜片、蒜末、葱段各少许

调料：

盐、鸡粉、白糖各2克，水淀粉10毫升，食用油适量

做法：

1.洗好去皮的胡萝卜切段，再切成片。

2.洗净的黄瓜切开，去瓤，用斜刀切段，备用。

3.用油起锅，倒入姜片、蒜末、葱段；放入胡萝卜，炒匀，倒入洗好的木耳，翻炒均匀。

4.加入黄瓜；加盐、鸡粉、白糖，炒匀调味；倒入水淀粉，炒匀，盛出。

专家点评

木耳的含钙量及含铁量都较为丰富，不仅能促进幼儿的骨骼生长，还能预防幼儿缺铁性贫血；搭配黄瓜食用，具有健脑安神、增高助长等功效。

山药木耳炒核桃仁

原料：

山药90克，水发木耳40克，西芹50克，彩椒60克，核桃仁30克，白芝麻少许

调料：

盐3克，白糖10克，生抽3毫升，水淀粉4毫升，食用油适量

做法：

1.去皮山药切片，木耳、彩椒、西芹切小块；开水锅中加盐、食用油，焯煮山药。

2.再焯煮木耳、西芹、彩椒，捞出沥干；用油起锅，核桃仁炸出香味。

3.油锅中加白糖，与核桃仁炒匀，盛出，撒上白芝麻；油锅中倒入焯过水的食材。

4.加盐、生抽、白糖，水淀粉，炒匀，装盘，放上核桃仁即可。

专家点评

黑木耳含有蛋白质、多糖、维生素K、钙、磷、铁及磷脂、烟酸等营养成分，能促进血液循环，使输送到骨骼中的营养素增加，促进骨骼增长。

▶ 营养成分：含有蛋白质、脂肪、B族维生素、维生素E、维生素A、硫胺素、烟酸、核黄素以及钙、铁、锌、磷、镁等矿物质元素。

增高功效

鸭肉含丰富的蛋白质，是儿童骨骼发育和肌肉增强的必需营养素。儿童食用鸭肉，能减缓骨骼的成熟，有助于体格和运动机能的发育。

营养分析

鸭肉性寒，味甘，入肺、胃、肾经，有大补虚劳、滋五脏之阴、清虚劳之热、补血行水、养胃生津、止咳止惊和清热健脾的功效，可用于防治小儿肺热咳嗽。鸭肉中的不饱和脂肪酸，能促进儿童的大脑发育。

温馨提示

1.选购鸭肉时，可观察其颜色，若体表光滑，呈乳白色，切开后呈玫瑰色，说明是优质鸭。若鸭皮表面渗出油脂，切面为暗红色，说明鸭肉较差。鉴别注水鸭，可用手轻拍，如果有“波波”的声音，则是注水鸭。

2.鸭肉可以制成炖鸭，还可将其制成烤鸭、板鸭等。烹调鸭肉时，加入少量的盐会使肉汤更加鲜美。

✔ 鸭肉+山药　补阴养肺

✔ 鸭肉+干贝　提供丰富的蛋白质

✔ 鸭肉+酸菜　利尿消肿

✖ 鸭肉+大蒜　引起中毒

彩椒黄瓜炒鸭肉

原料：

鸭肉180克，黄瓜90克，彩椒30克，姜片、葱段各少许

调料：

生抽5毫升，盐2克，鸡粉2克，水淀粉8毫升，料酒、食用油各适量

做法：

1.彩椒切小块；黄瓜切块；鸭肉去皮，再切丁；鸭肉淋入生抽、料酒；再加水淀粉，腌渍约15分钟，至其入味。

2.用油起锅，放入姜片、葱段，爆香；倒入鸭肉，炒至变色；加入料酒、彩椒，炒匀；倒入切好的黄瓜，翻炒均匀。

3.加盐、鸡粉、生抽、水淀粉；炒至食材入味；盛出炒好的菜肴，装盘即可。

专家点评

鸭肉含丰富的蛋白质及不饱和脂肪酸，是儿童骨骼发育和肌肉增强的必需营养素；搭配黄瓜食用，还有滋阴养胃、减肥瘦身的作用。

红枣薏米鸭肉汤

原料：

薏米100克，红枣、葱花各少许，鸭肉块300克，高汤适量

调料：

盐2克

做法：

1.锅中注水烧开，放入洗净的鸭肉，煮2分钟，搅匀，去血水，捞出后过冷水。

2.锅中注入高汤烧开，加入鸭肉、薏米、红枣，拌匀；调至大火，煮开后调至中火，炖3小时至食材熟透。

3.揭开锅盖，加入适量盐；搅拌均匀，至食材入味。

4.将煮好的汤料盛出，装入碗中，撒上葱花即可。

专家点评

红枣有益气补血、健脾养胃、安神清心的功效，是儿童成长的优良补养品，而儿童常食鸭肉，能延缓骨骺线闭合的时间，辅助其长高，故此道膳食可多食。

鸽子肉

『推荐烹调法』
煮、炖、煲

▶营养成分：含蛋白质、脂肪、维生素A、维生素B_1、维生素B_2、维生素E、烟酸、锌、镁、胡萝卜素、铁、钙、碘、磷、硒、钾等。

增高功效

鸽肉营养丰富而全面，能为骨骼发育提供丰富的营养和热量，预防骨骺线的提前闭合，使上下肢的长骨正常生长，减少儿童身材矮小的发生。

营养分析

鸽肉是较好的滋补食物，俗称“甜血动物”，可增强造血功能，缺铁儿童食用后有助于恢复健康。鸽肉中的蛋白质含量高，且符合儿童的咀嚼特点，消化吸收率高，能为各组织器官的发育供给营养。

温馨提示

1.鸽肉较容易变质，购买后应马上放进冰箱。

2.鸽肉四季均可食用，但春、夏初时最为肥美。

3.鸽肉鲜嫩味美，可做粥，可炖、烤、炸，可做小吃等，但清蒸或煲汤能最大限度地保存其营养成分。烹调鸽子的配料不能少了蜂蜜、甜面酱；用金银花熬煮鸽子汤时，可适当放些枸杞，来中和其苦味。

搭配宜忌

✔ 鸽+猪肉　增强免疫力

✔ 鸽+枸杞　养肝明目

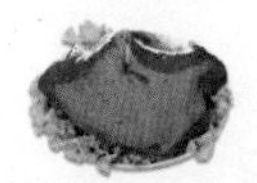

✘ 鸽+猪肝　致皮肤色素沉淀

✘ 鸽+黑木耳　面部生黑斑

长高食谱

桑葚薏米炖乳鸽

◐原料：

乳鸽400克，水发薏米70克，桑葚干20克，姜片、葱花各少许

◐调料：

料酒20毫升，盐2克，鸡粉2克

◐做法：

1.开水锅中放入洗净的乳鸽，倒入料酒，煮沸，汆去血水；将汆煮好的乳鸽捞出，沥干水分，待用。

2.砂锅中注入适量清水烧开，倒入汆过水的乳鸽，放入洗净的薏米、桑葚干。

3.加入姜片，淋入少许料酒，烧开后用小火炖40分钟，至食材软烂。

4.撇去汤中浮沫；放入盐、鸡粉；搅匀，至食材入味；盛出，装碗，撒上葱花即可。

专家点评

鸽子肉中含有较多的支链氨基酸和精氨酸，可促进体内蛋白质的合成，维持机体正常的生长发育；搭配桑葚及薏米食用，还有促进血液循环的作用。

长高食谱

菌菇鸽子汤

◐原料：

鸽子肉400克，蟹味菇80克，香菇75克，姜片、葱段各少许

◐调料：

盐、鸡粉各2克，料酒8毫升

◐做法：

1.鸽子肉斩成小块；锅中注水烧开。

2.倒入鸽肉块，淋入料酒提味，煮约半分钟；汆去血渍，捞出，沥干。

3.砂锅中注水烧开；倒入鸽肉，撒上姜片，淋入料酒；烧开后炖煮约20分钟，至肉质变软，倒入蟹味菇、香菇，搅拌匀。

4.小火续煮至食材熟透，加入鸡粉、盐，拌匀调味；续煮片刻。

5.装入汤碗中，撒上葱段即成。

专家点评

鸽子肉含有蛋白质、维生素E及有造血作用的铁元素，能调补气血、提高机体免疫力，搭配含有维生素D的香菇食用，对促进幼儿生长发育有益。

『推荐烹调法』
煮、炖、炒

►营养成分：富含蛋白质、脂肪、糖类、维生素A、维生素B_1、维生素B_2、烟酸、生物素、维生素C、维生素E、钙、磷、钾、铁等。

增高功效

鸡肉有活血脉、强筋骨的作用，儿童食用能很好地促进骨骼的生长和运动机能的发育；可增强免疫力，减少疾病对身高生长的抑制作用。

营养分析

鸡肉性平、温，味甘，入脾、胃经，可益气、添髓，缓解由于肾精不足所导致的儿童小便频繁、听力不佳等症状。鸡肉对改善心脑功能、促进儿童智力发育也有较好的作用。

温馨提示

1.新鲜的鸡肉纤维紧密排列、颜色粉红而有光泽，皮呈米色、有光泽和张力，毛囊突出。不要挑选肉和皮的表面比较干，或者含水较多的鸡肉。

2.鸡肉内含有谷氨酸钠，烹调鲜鸡时只需放油、精盐、葱、姜等，味道就很鲜美。如果再放入花椒等厚味的调料，反而会把鸡的鲜味驱走或掩盖。

搭配宜忌

✓ 鸡肉+冬瓜　清热利尿

✓ 鸡肉+豇豆　增进食欲

✓ 鸡肉+茶树菇　促进蛋白质的吸收

✗ 鸡肉+鲍鱼　影响消化

茶树菇含有多种氨基酸、糖类等营养成分，能补充发育期儿童所需的营养，腐竹中也含有较多的优质蛋白，有促进生长激素分泌的作用。

茶树菇腐竹炖鸡肉

原料：

光鸡400克，茶树菇100克，腐竹60克，姜片、蒜末、葱段各少许

调料：

豆瓣酱6克，盐3克，鸡粉2克，料酒、生抽各5毫升，水淀粉、食用油各适量

做法：

1.光鸡斩成小块，茶树菇切段；热水锅中，氽煮鸡块，掠去浮沫，捞出，沥干。
2.将腐竹炸至呈虎皮状，捞出后浸入水中泡软；用油起锅，放入姜、蒜、葱段。
3.倒入鸡块，炒至断生；淋入料酒。
4.放入生抽、豆瓣酱，加盐、鸡粉，注入清水，倒入腐竹，翻炒匀，煮熟后倒入茶树菇，熟软后用水淀粉勾芡，装盘。

鸡肉含有优质蛋白，有助于儿童生长发育。鲜豌豆富含胡萝卜素、维生素C，能清肠，很适宜便秘的儿童食用。另外，豌豆还可以使儿童的皮肤柔润光滑。

豌豆鸡肉稀饭

原料：

豌豆25克，鸡胸肉50克，菠菜60克，胡萝卜45克，软饭180克

调料：

盐2克

做法：

1.汤锅注水烧开，放入鸡胸肉、豌豆；用小火煮5分钟，焯煮菠菜，捞出。
2.菠菜剁成末；豌豆剁碎，放入木臼中捣碎，鸡胸肉剁成末，胡萝卜切粒。
3.汤锅中注水烧开，倒入软饭，搅散。
4.烧开后转小火煮至其软烂，倒入胡萝卜，煮熟；倒入鸡胸肉、豌豆、菠菜。
5.略煮，加盐，拌匀，煮至食材入味。
6.把煮好的稀饭盛入碗中即可。

牛肉

『推荐烹调法』
煮、炖、炒

▶营养成分：含蛋白质、脂肪、糖类、维生素A、维生素E、烟酸、维生素B_1、维生素B_2、钙、磷、铁、肌醇、牛磺酸、氨基酸等。

增高功效

牛肉中的肌氨酸含量比其他任何食物都高，因而它对增长肌肉、增强力量特别有效，适合想长高的儿童食用。

营养分析

牛肉含有维生素B_6，可增强免疫力，促进蛋白质的新陈代谢和合成，从而有助于运动后体力的恢复。牛肉中脂肪含量很低，但却富含亚油酸，有利于儿童的智力发育。牛肉中所含的锌、镁、铁，是有助于合成蛋白质、促进肌肉生长的抗氧化剂。

温馨提示

1.选购牛肉时应注意，新鲜牛肉有光泽，红色均匀，脂肪洁白或淡黄色。

2.烹饪时放一个山楂、一块橘皮或一点茶叶，牛肉更易烂。牛肉加红枣炖服，有助肌肉生长和促伤口愈合之功效。

✔牛肉+芋头 养血补血

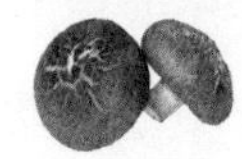

✔牛肉+香菇 易于消化

✔牛肉+南瓜 健胃益气

✘牛肉+红糖 引起腹胀

红烧牛肉汤

◐原料：

牛肉块350克，胡萝卜70克，洋葱40克，奶油15克，姜片20克，葱条10克，桂皮、八角、草果、丁香、花椒、干辣椒各少许

◐调料：

盐2克，料酒6毫升

◐做法：

1.洋葱切小块，胡萝卜切滚刀块；开水锅中，焯煮牛肉，淋入料酒，去浮沫，捞出。

2.热水锅中倒入桂皮、八角、草果、丁香、花椒、干辣椒、姜片、葱条，倒入牛肉块，加料酒，烧开后用小火炖煮约30分钟。

3.倒入胡萝卜、洋葱，煮熟；加盐、奶油，拌匀，中火略煮，拣出各式香料，装碗。

专家点评

牛肉中营养素种类较多，具有补中益气、滋养脾胃、强健筋骨、养肝明目、增强免疫力等功效。胡萝卜和洋葱也能补充生长发育所需的营养物质。

山楂菠萝炒牛肉

◐原料：牛肉片200克，水发山楂片25克，菠萝600克，圆椒少许

◐调料：番茄酱、盐、鸡粉、食粉各少许，料酒6毫升，水淀粉、食用油各适量

◐做法：

1.牛肉片中加盐、料酒、食粉、水淀粉、食用油，拌匀，腌渍约20分钟；圆椒切小块，菠萝取一半挖空果肉，制成菠萝盅。

2.菠萝肉切小块；热锅注油，烧至四五成热，倒入牛肉，拌匀，炒至变色。

3.倒入圆椒，拌匀，捞出，沥干油。

4.锅底留油烧热，倒入山楂片、菠萝肉，炒匀，挤入适量番茄酱。

5.倒入滑过油的食材，炒匀，转小火，淋入料酒，加盐、鸡粉、水淀粉；中火炒匀，至食材熟透，盛出，装入菠萝盅即成。

专家点评

牛肉富含骨骼发育所需的钙和维生素D，山楂能健胃消食，菠萝含有多种维生素和矿物质，食用本品可使机体保持良好的生长态势，维持增高的趋势。

猪肝

『推荐烹调法』
炖、炒、烧

▶营养成分：含蛋白质、多不饱和脂肪酸、脂肪、维生素A、维生素B_1、维生素B_2、维生素B_{12}、维生素C、烟酸、钙、铁、钾、镁、锌等。

增高功效

儿童身高的生长主要是骨骼的增长，而猪肝含有的维生素D，能促进钙质的吸收，使骨骼钙化，预防因钙吸收障碍引起的身材矮小。

营养分析

猪肝中含有丰富的维生素A，能保护眼睛，维持正常视力，防止眼睛干涩、疲劳；猪肝含铁较为丰富，是补血食品中最常用的食物，食用猪肝可调节和改善儿童贫血。猪肝中还具有一般肉类食品不含的维生素C和微量元素硒，能增强人体免疫力。

温馨提示

1.猪肝的选购：新鲜的猪肝呈褐色或紫色，用手按压坚实有弹性，有光泽，无腥臭异味。

2.猪肝的保存：切好的肝一时吃不完，可用豆油将其涂抹，然后放入冰箱内，可延长保鲜期。

3.去异味：猪肝放入牛奶中浸泡几分钟即可。

搭配宜忌

✔猪肝+青椒 补血

✔猪肝+芥菜 促进钙的吸收

✔猪肝+生菜 补充营养

✘猪肝+绿豆芽 影响营养吸收

猪肝豆腐汤

◐原料：

猪肝100克，豆腐150克，葱花、姜片各少许

◐调料：

盐2克，生粉3克

◐做法：

1.锅中注入适量清水烧开，倒入洗净切块的豆腐，拌煮至断生。

2.放入已经洗净切好并用生粉腌渍过的猪肝，撒入姜片、葱花，煮至沸。

3.加少许盐，拌匀调味。

4.用小火煮约5分钟，至汤汁收浓。

5.关火后盛出煮好的汤料，装入备好的碗中即可。

专家点评

豆腐含有卵磷脂、铁、钙等营养成分，而卵磷脂具有促进大脑发育、增强儿童学习力的作用，猪肝含有维生素D，两者搭配，有助于钙的充分吸收。

菠菜炒猪肝

◐原料：

菠菜200克，猪肝180克，红椒10克，姜片、蒜末、葱段各少许

◐调料：

盐2克，鸡粉3克，料酒7毫升，水淀粉、食用油各适量

◐做法：

1.菠菜切段，红椒切小块，猪肝切片。

2.将猪肝装入碗中，放盐、鸡粉，加入料酒、水淀粉，抓匀；注入食用油，腌渍10分钟至入味。

3.用油起锅，放入姜、蒜、葱，放入红椒，倒入猪肝，淋入料酒，炒匀。

4.放入菠菜，炒熟，加盐、鸡粉，炒匀调味，倒入适量水淀粉，炒匀，装盘。

专家点评

此菜鲜艳可口、营养美味，儿童常食不仅有利于长骨细胞的发育，还有补血健脾、养肝明目的功效。此外，猪肝还能增强儿童免疫力。

奶酪

『推荐烹调法』
拌

▶营养成分：含有优质蛋白质、有机酸、脂肪、糖类和钙、磷、钠、钾等矿物质元素，以及维生素A、胡萝卜素、烟酸、泛酸、生物素等。

增高功效

奶酪中含有钙、磷、镁等重要矿物质，且钙、磷比例适当，易被人体吸收，而且大部分的钙与酪蛋白结合，吸收利用率很高，对儿童骨骼生长十分有益。

营养分析

奶酪能增进儿童抵抗疾病的能力，促进代谢，增强活力，保护眼睛健康并保持肌肤嫩美。奶酪还有利于维持人体肠道内正常菌群的稳定，防治儿童腹泻。常吃含有奶酪的食物，能增加牙齿表层的含钙量。

温馨提示

1.新鲜乳酪品质较佳，尤其是颜色呈白色者更好，变黄则表示其不新鲜。半硬和硬质奶酪最好选择切口颜色均匀、色泽清晰者。

2.奶酪的储存：切片后的奶酪一般置于密封的容器中冷藏，冷藏温度为1~4℃。

搭配宜忌

✔ 奶酪+芒果 提供热量

✔ 奶酪+西红柿 健胃消食

✔ 奶酪+西葫芦 润肺止咳

✘ 奶酪+菠菜 影响钙的吸收

专家点评

牛奶和奶酪都含有丰富的钙，能为骨骼发育提供原料。鸡蛋含有蛋白质、卵磷脂、维生素和矿物质等营养成分，具有益智健脑、养心安神、滋阴润燥等功效。

奶酪蛋卷

◐原料：

鸡蛋2个，西红柿80克，玉米粒45克，牛奶100毫升，奶酪少许

◐调料：

盐2克，番茄酱、食用油各适量

◐做法：

1.奶酪切细丝，再切丁，西红柿去皮，果肉切碎；开水锅中倒入玉米粒，煮至断生，捞出，沥干。

2.大碗中倒入西红柿、玉米粒、奶酪，放入番茄酱，搅匀，制成馅料，待用。

3.鸡蛋打散，加盐、牛奶，搅匀。

4.煎锅中将蛋液煎成蛋饼。

5.放入馅料，铺平摊开，将鸡蛋饼卷成蛋卷，煎至食材熟透，切成小块即可。

专家点评

青豆富含B族维生素、锌、镁，还含有丰富的蛋白质、叶酸、膳食纤维和人体必需的多种氨基酸，能滋补身体、增强免疫力，有助于幼儿长筋骨。

奶酪蔬菜煨虾

◐原料：

奶酪25克，平菇50克，胡萝卜65克，青豆45克，虾仁60克

◐调料：

盐2克，水淀粉、食用油各适量

◐做法：

1.胡萝卜、平菇切粒；开水锅中，倒入青豆，煮至断生，焯煮虾仁，捞出。

2.将虾仁、青豆剁碎；用油起锅，倒入胡萝卜粒、平菇粒，炒出香味。

3.放入虾仁、青豆，拌炒匀，注入适量清水，煮至沸腾。

4.放入奶酪，加少许盐，炒匀。

5.倒入适量水淀粉，勾芡。

6.盛出炒好的食材，装入碗中即可。

牛奶

『推荐烹调法』
煮、拌

▶营养成分：含脂肪、磷脂、蛋白质、乳糖、维生素A、维生素B_1、维生素B_2、维生素C、维生素E及钙、磷、铁、锌、铜、锰、钼等。

增高功效

牛奶中含有丰富的钙、维生素D，有助于骨细胞的正常生长，促进骨的长高。此外，牛奶还能镇静安神，提高儿童睡眠质量，促进身高生长。

营养分析

牛奶是儿童出生后赖以生存发育的重要食物，它含有适合儿童发育所必需的全部营养素。牛奶中的乳清可使皮肤保持光滑滋润。牛奶可使脑血管在高压下保持稳定，大大提高大脑的工作效率。牛奶还能增强骨骼和牙齿的功能，减少骨骼萎缩病的发生。

温馨提示

1.新鲜乳应呈乳白色或稍带微黄色，呈均匀的流体。判断新鲜与否，可将奶滴入清水中，若化不开，则为新鲜牛奶；若化开，就不是新鲜牛奶。

2.煮牛奶时不要加糖，须待煮热离火后再加；加热时不要煮沸，也不要久煮，否则会破坏营养素。

搭配宜忌

✔ 牛奶+木瓜 护肤美白

✔ 牛奶+香蕉 提高维生素B_{12}的吸收

✔ 牛奶+草莓 补充维生素

✘ 牛奶+空心菜 影响钙的吸收

火龙果含有膳食纤维、维生素C、果糖、葡萄糖、花青素及钙、磷、铁等营养成分，具有美白皮肤、增强血管弹性、降血糖、排毒等功效。

火龙果牛奶

原料：

火龙果肉135克，牛奶120毫升

做法：

1.火龙果肉切小块。

2.取榨汁机，选择搅拌刀座组合，倒入火龙果果肉块。

3.注入适量的纯牛奶，盖好盖子。

4.选择“榨汁”功能，榨取果汁。

5.断电后倒出榨好的果汁，装入干净的杯中即成。

香蕉含有糖类、维生素A、锌、铁、钾、镁等营养成分，具有促进肠道蠕动、排毒、保护神经系统等作用，搭配牛奶食用，有助于儿童的生长发育。

香蕉牛奶饮

原料：

香蕉100克，牛奶100毫升

调料：

蜂蜜25克，白糖少许

做法：

1.香蕉取果肉切小块。

2.取榨汁机，选择搅拌刀座组合，倒入切好的香蕉，注入牛奶。

3.倒入适量纯净水，加入少许白糖，盖好盖子。

4.选择“榨汁”功能，榨出香蕉汁。

5.断电后倒出果汁，装入杯中。

6.加入适量蜂蜜调匀即可。

牡蛎

『推荐烹调法』
煮、炖、烧

▶营养成分：含蛋白质、糖类、氨基酸、B族维生素、维生素A、胡萝卜素、维生素E、牛磺酸、钙、磷、铁、锌等。

增高功效

牡蛎富含锌元素，锌是儿童生长发育的促进剂，有较好的益智长高功效。牡蛎中含有的糖原能为生长发育提供所需的能量，可增强体力。

营养分析

牡蛎中所含有的牛磺酸可以促进小儿胆汁分泌，排除堆积在肝脏中的中性脂肪，预防儿童肥胖。牡蛎含有的铁易于消化吸收，能预防贫血。常食牡蛎，还能提高儿童免疫力。

温馨提示

1.选购牡蛎时应选体大肥实，颜色淡黄，个体均匀，表面颜色褐红的。煮熟的牡蛎，壳若是稍微打开的，则说明煮之前是活的牡蛎。

2.牡蛎干泡发的方法：准备一盆放有少许小苏打粉的热水，再把牡蛎干放在热水中浸泡。

搭配宜忌

✓ 牡蛎+蒜蓉 去腥提鲜

✓ 牡蛎+鸡蛋 促进骨骼生长

✓ 牡蛎+豆瓣酱 去腥

✗ 牡蛎+山竹 降低锌的吸收

此汤营养可口，常食能促进骨细胞的生长。生菜含有B族维生素、维生素C、膳食纤维及多种矿物质，可改善胃肠道的消化功能，预防儿童肥胖。

生蚝生菜汤

◐ 原料：

生蚝肉100克，生菜100克，香菜20克，高汤150毫升，姜片少许

◐ 调料：

盐、鸡粉、胡椒粉少许，料酒、食用油适量

◐ 做法：

1.生菜修齐整，香菜切末；生蚝肉装入碗中，加盐、鸡粉、料酒，拌匀，腌渍10分钟，至其入味。

2.用油起锅，放入姜片，倒入高汤，加清水，煮沸；倒入生蚝肉，搅匀。

3.用中火煮至其熟透，放入生菜；加盐、鸡粉、胡椒粉，搅匀。

4.盛出煮好的汤料，装入汤碗中，撒上香菜末即可。

生蚝含有氨基酸、牛磺酸和钙、磷、铁等营养成分，常食可提高儿童免疫力。此外，生蚝还含有较多的锌，能改善儿童食欲，且还能增智长高。

姜葱生蚝

◐ 原料：

生蚝肉180克，彩椒片、红椒片各35克，姜片30克，蒜末、葱段各少许

◐ 调料：

盐、鸡粉、白糖、生粉、老抽、料酒、生抽、水淀粉、食用油各适量

◐ 做法：

1.开水锅中焯煮生蚝肉，沥干；淋上生抽，搅匀，滚上生粉，腌渍入味。

2.热锅注油，烧至五成热，将生蚝肉炸至微黄色，捞出，沥干。

3.油锅中放入姜、蒜、红椒、彩椒，大火爆香，倒入炸好的生蚝肉；撒上葱段，再淋入料酒、老抽、生抽，撒盐。

4.加鸡粉、白糖、水淀粉，炒匀，装盘。

虾米

『推荐烹调法』
炒、蒸、炖、拌

▶营养成分：含有蛋白质、脂肪、糖类、谷氨酸、维生素A、维生素B_1、维生素B_2、烟酸以及钙、磷、铁、硒、镁等。

增高功效

虾米含有儿童易吸收的钙，能提高骨密度，增强体质，提高儿童的运动机能，刺激长骨生长。常食虾还能增强儿童免疫力，减少疾病对身高的抑制作用。

营养分析

虾米营养丰富，是优质蛋白的主要来源。虾中含有的硒，能促进新陈代谢，维持人体正常的生理功能。虾还富含铁和镁元素，能改善缺铁性贫血引起的异食癖，可很好地保护儿童的心血管系统。

温馨提示

1.选购虾时，需以虾体形完整，呈青绿色，外壳硬实、发亮，肉质细嫩，有弹性的为佳。

2.虾以鲜食为宜，如需保存，可将其沙肠挑出，剥除虾壳，然后洒上少许酒，再放进冰箱冷冻。

3.患有炎症和面部痤疮及过敏性鼻炎、支气管哮喘等病症的儿童不宜吃虾。

搭配宜忌

✔虾米+白菜　增强机体免疫力

✔虾米+西蓝花　补脾和胃

✔虾米+藕　养血补血

✖虾米+芹菜　破坏维生素B_1

草菇虾米干贝汤

原料：

草菇150克，虾米35克，干贝20克，姜丝、葱花各少许

调料：

鸡粉、盐各2克，食用油适量

做法：

1.开水锅中倒入洗净切好的草菇，搅匀，煮约1分钟，捞出。

2.将焯煮好的草菇过一下清水，装盘备用；热锅注入适量食用油，放入姜丝、干贝、虾米。

3.倒入焯过水的草菇，翻炒均匀；锅中加入适量清水，搅拌匀。

4.放入鸡粉、盐，搅拌均匀，煮约3分钟，搅匀，盛出，撒上葱花即可。

专家点评

干贝含有多种人体必需的氨基酸，且钙、锌含量也较高，能促进生长。草菇含有维生素C、多糖、赖氨酸、锌、钾等营养成分，可提高机体免疫力。

长高食谱

虾米韭菜炒香干

原料：

韭菜130克，香干100克，彩椒40克，虾米20克，白芝麻10克，豆豉、蒜末各少许

调料：

盐2克，鸡粉2克，料酒10毫升，生抽3毫升，水淀粉4毫升

做法：

1.香干、彩椒切条，韭菜切段；热锅注油，烧至三成热，倒入香干，炸出香味，捞出备用。

2.锅底留油，放入蒜末，倒入虾米、豆豉，翻炒出香味；放入切好的彩椒，淋入料酒，炒匀；倒入韭菜，炒匀。

3.放入香干，加盐、鸡粉、生抽、水淀粉，炒匀，装盘，撒上白芝麻即成。

专家点评

香干富含优质蛋白，能促进钙等矿物质的吸收。白芝麻含有亚油酸，对儿童大脑和神经系统发育有利，且白芝麻还有养血润肤的作用。

『推荐烹调法』
烧、炖、蒸

▶营养成分：富含蛋白质、脂肪、糖类、胆固醇、维生素A、维生素B_1、维生素B_2、维生素E、锌、硒、铜、锰、钙等。

增高功效

三文鱼营养均衡，富含维生素D和钙，与含钙丰富的其他食材同食，有助于钙的吸收利用。此外，三文鱼中丰富的维生素还能使生长激素发挥正常的功能。

营养分析

三文鱼肉有补虚劳、健脾胃、暖胃和中的功能，还能缓解小儿水肿、消瘦、消化不良等症。三文鱼所含的Ω－3脂肪酸更是脑部、视网膜及神经系统发育所必不可少的物质，能帮助儿童智力发育。

温馨提示

1.新鲜的三文鱼具备一层完整无损、带有鲜银色的鱼鳞，透亮有光泽。鱼皮黑白分明，无瘀伤为佳。

2.保存三文鱼时，可将买回来的三文鱼切小块，用保鲜膜封好，再放入冰箱，若是速冻可保存1～2个月。

3.三文鱼宜做成八成熟，能较好地保持鲜味。

搭配宜忌

✔三文鱼+芥末　除腥、补充营养

✔三文鱼+柠檬　利于营养吸收

✔三文鱼+西红柿　抗衰老

✘三文鱼+竹笋　易过敏

三文鱼金针菇卷

原料：

三文鱼160克，金针菇65克，芥菜叶50克，蛋清30克

调料：

盐3克，胡椒粉2克，生粉、食用油各适量

做法：

1.芥菜去根部，三文鱼切薄片；鱼片加盐、胡椒粉，搅匀，腌渍15分钟。

2.开水锅中，放入芥菜，加食用油、盐，略煮，捞出，沥干，装盘；取蛋清，加入少许生粉，搅匀，制成蛋液。

3.铺平鱼肉片，抹上蛋液，放入金针菇；卷成卷，蛋液涂抹封口，制成数个生坯。

4.煎锅中淋入食用油，将鱼卷煎至熟透，盛出鱼卷，摆放在芥菜上即可。

专家点评

三文鱼中的钙容易消化吸收，能促进骨骼钙化。金针菇含有胡萝卜素、B族维生素、多种矿物质，具有增强免疫力、补肝、益肠胃、健脑等功效。

长高食谱

三文鱼蔬菜汤

原料：

三文鱼70克，西红柿85克，口蘑35克，芦笋90克

调料：

盐2克，鸡粉2克，胡椒粉适量

做法：

1.洗净的芦笋切成小段，口蘑切薄片。

2.洗净的西红柿切成小瓣，去除表皮。

3.处理好的三文鱼切成条形，改切成丁，备用；开水锅中，倒入切好的三文鱼，搅匀，煮至变色。

4.放入切好的芦笋、口蘑、西红柿，搅拌匀；烧开后用大火煮熟。

5.加盐、鸡粉、胡椒粉，搅匀调味。

6.盛出煮好的鱼汤，装入碗中即可。

专家点评

西红柿含有胡萝卜素、维生素B_2、维生素C、钙等营养成分，具有开胃消食、清热解毒等功效。此汤荤素搭配、美味可口，对儿童补钙效果尤佳。

鳕鱼

『推荐烹调法』
炖、拌、烧

▶营养成分：含有蛋白质、脂肪、糖类、胆固醇、维生素A、维生素B_1、维生素B_2、烟酸及钙、磷、钾、镁、铁、钠、硒等矿物质。

增高功效

鳕鱼含有的维生素D有助于钙的吸收，可防止因缺钙引起的身材矮小；鳕鱼中的锌能增强儿童食欲，预防厌食，保证长高所需的营养。

营养分析

鳕鱼中含有丰富的镁元素，对心血管系统有很好的保护作用，能活血祛瘀、补血止血。鳕鱼含有大量的维生素A，能促进视网膜的发育，帮助儿童改善视力；其含有的维生素D，可有效预防蛀牙。

温馨提示

1.新鲜鳕鱼以颜色雪白且未解冻的为宜。

2.鳕鱼的保存：把盐撒在鱼肉上，然后用保鲜膜包起来，放入冰箱冷冻室，既能去腥，还能增鲜。

3.辨别鳕鱼是否炸熟，可在油炸过程中用竹筷轻插鱼身，若拔出时沾带鱼血，表示未熟，反之则熟。

搭配宜忌

✓ 鳕鱼+西蓝花　促进维生素的吸收

✓ 鳕鱼+豆腐　提高蛋白质的吸收

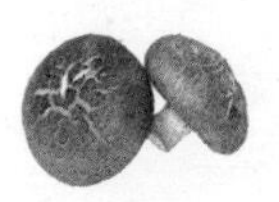

✓ 鳕鱼+香菇　补脑健脑

✗ 鳕鱼+红酒　产生腥味

鳕鱼富含维生素D，有利于钙沉着于骨骼，促进长骨的生长。南瓜含有丰富的锌，能参与人体内核酸、蛋白质的合成，是人体生长发育的重要物质。

鳕鱼蒸鸡蛋

◐原料：

鳕鱼100克，鸡蛋2个，南瓜150克

◐调料：

盐1克

◐做法：

1.南瓜切片，鸡蛋打散调匀，制成蛋液。
2.烧开蒸锅，放入南瓜、鳕鱼，用中火蒸15分钟至熟。
3.用刀把鳕鱼、南瓜分别压烂，剁成泥状；在蛋液中加入南瓜、部分鳕鱼，放入少许盐，搅拌匀。
4.将拌好的材料装入另一个碗中。
5.放在烧开的蒸锅内。
6.盖上盖，用小火蒸8分钟。
7.取出，再放上剩余的鳕鱼肉即可。

玉米富含钙和磷，搭配鳕鱼食用，能促进其吸收，有利于骨细胞的生长。西红柿和洋葱含有丰富的维生素C，对儿童神经系统的发育非常有利。

茄汁鳕鱼

◐原料：

鳕鱼200克，西红柿100克，洋葱30克，豌豆40克，鲜玉米粒40克

◐调料：

盐、生粉、料酒、番茄酱、水淀粉、橄榄油各适量

◐做法：

1.洋葱切粒，西红柿去蒂，切成小块。
2.鳕鱼中放入料酒、盐，生粉，拌匀。
3.锅中倒入橄榄油，将鳕鱼煎至焦黄色；开水锅中焯煮玉米粒、豌豆，捞出。
4.锅中注入橄榄油，倒入洋葱、西红柿、玉米粒和豌豆，炒匀，倒入清水，煮沸。
5.加盐、番茄酱、水淀粉，炒匀；盛出，浇上炒制好的汤汁。

西蓝花豆酥鳕鱼

◐ 原料：

鳕鱼230克，西蓝花50克，姜片、葱段、蒜瓣各5克，豆豉8克

◐ 调料：

盐、鸡粉、料酒、生抽、胡椒粉、食用油适量

◐ 做法：

1.备好的葱姜蒜切碎，西蓝花去柄，切小朵。
2.焯西蓝花至断生，捞出待用。
3.备盐、料酒，腌渍鳕鱼10分钟、蒸10分钟。
4.热锅注油，炒配料、调料制成酱汁。
6.将备好的西蓝花摆放在鳕鱼边上。
7.将制好的酱汁浇在鳕鱼上即可。

专家点评

西蓝花含有蛋白质、糖、脂肪、等成分，具有增强免疫力、防癌抗癌等功效。还含有一定量的类黄酮，搭配鳕鱼食用，能强筋健骨，助力孩子成长。

长高食谱

香煎鳕鱼

◐ 原料：

鳕鱼120克，低筋面粉150克，蛋液60克，柠檬片15克，牛奶50毫升

◐ 调料：

盐2克，胡椒粉3克，食用油适量

◐ 做法：

1.洗净的鳕鱼装盘，往鱼肉两面挤上柠檬汁、撒上盐、胡椒粉，撒上低筋面粉，抹匀。
2.淋入蛋液，腌渍5分钟至鳕鱼入味，放置待用。
3.用油起锅，放入腌好的鳕鱼，煎约2分钟至底部焦黄，翻面。
4.续煎约2分钟至鳕鱼两面焦香。
5.关火装盘，放柠檬片，淋牛奶即可。

专家点评

鳕鱼含有蛋白质、维生素A、维生素D、DHA、钠、钾、磷、镁等营养成分，具有活血祛瘀、保护心脏等作用，还能促进钙质吸收，让孩子更容易长高。

孩子长高，步步为营

“亭亭玉立”“玉树临风”，拥有高挑的身材，不仅是孩子对自己成年后的期望，也是父母的希望。那么，如何把握儿童长高的黄金时期，为孩子提供生长发育所必需的营养素，从而促进孩子快速增高呢？本章就根据不同年龄段孩子生长发育特点，将孩子长高的关键期划分为5个阶段，为孩子量身定制健康增高食谱，让孩子步步为“赢”。

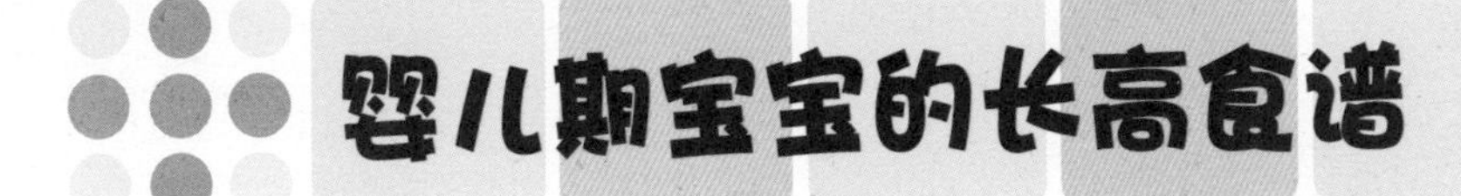

婴儿期宝宝的长高食谱

婴儿期：宝宝出生满28天到1周岁为婴儿期。婴儿期是宝宝的骨骼生长最为活跃的时期，无论是长骨还是脊椎生长都十分迅速，尤其是在宝宝睡觉的时候，骨骼生长更快。这一时期，宝宝身高可增加25厘米左右，1周岁时宝宝的身高可为出生时的1.5倍。婴儿期宝宝的生长情况与营养供给和护理密切相关，除要特别注意宝宝的喂养外，还应保证宝宝充足的睡眠，为宝宝“长高个”打好坚实的基础。

身高标准

身高(cm) / 年龄	男			女		
	−2SD	中位数	+2SD	−2SD	中位数	+2SD
出生	46.9	50.4	54.0	46.4	49.7	53.2
2个月	54.3	58.7	63.3	53.2	57.4	61.8
4个月	60.1	64.6	69.3	58.8	63.1	67.7
6个月	63.7	68.4	73.3	62.3	66.8	71.5
9个月	67.6	72.6	77.8	66.1	71.0	76.2
12个月	71.2	76.5	82.1	69.7	75.0	80.5

长高秘诀

婴儿期，母乳是宝宝骨骼生长最好的营养品。当然，在母乳不足的情况下，需要适当添加配方奶粉。以母乳喂养时，哺乳期妈妈要适当补充钙制品或多吃含钙高的食物，以增加宝宝钙的摄入；以人工喂养时，可在宝宝配方奶粉中适当添加维生素D制剂，帮助宝宝吸收其中的钙；满4个月后，应及时给宝宝添加辅食，且食物的种类应随着宝宝的生长发育变得丰富，可多喂食富含蛋白质、维生素、钙的食物。

婴儿期的宝宝，家长可以通过轻柔的抚触给孩子按摩，随着宝宝的成长，可逐渐进行一些简单的脚部、手部按摩。

孩子出生后的第一年内，脊椎的生长速度快于四肢，此时孩子的运动应与脊椎的发育相适应，不能过早让孩子坐、爬、站、走，这样不利于孩子脊柱正常生长。

长高食谱

雪梨稀粥

◐**原料：**水发米碎100克，雪梨65克

◐**做法：**

1.雪梨去核，果肉切小块；装碗中，待用。
2.取榨汁机，选择搅拌刀座组合，倒入雪梨块，注入少许清水，盖上盖。
3.选择“榨汁”功能，榨取汁水；断电后倒出雪梨汁，过滤到碗中，备用。
4.开水锅中，倒入备好的米碎，搅拌均匀。
5.盖上盖，烧开后用小火煮约20分钟至熟。
6.揭开盖，倒入雪梨汁，拌匀，用大火煮约2分钟。
7.关火后盛出煮好的稀粥即可。

专家点评

大米具有健脾养胃、壮筋骨的功效；雪梨具生津润燥、清热化痰、养血生肌的功效；两者搭配食用，能增进食欲、促进营养物质的吸收利用，提高机体的抗病能力，从而促进生长发育。

土豆稀粥

原料：米碎90克，土豆70克

做法：

1.去皮土豆切小块，放在蒸盘中，待用。
2.蒸锅上火烧开，放入装有土豆的蒸盘。
3.用中火蒸20分钟至土豆熟软；取出蒸盘，放凉待用。
4.将放凉的土豆压碎，碾成泥状，装盘待用。
5.砂锅中注入适量清水烧开，倒入备好的米碎，搅拌均匀。
6.烧开后用小火煮至米碎熟透，倒入土豆泥。
7.搅拌均匀，继续煮5分钟，关火后盛出煮好的稀粥即成。

专家点评

土豆营养丰富，尤其是其所含的B族维生素及维生素C，是构成身体发育不可或缺的营养元素，对宝宝的身体发育有辅助作用。此外，土豆含有优质纤维素，能够刺激肠胃蠕动，帮助宝宝更好地消化吸收各种摄入体内的营养素。

白萝卜稀粥

◐原料：水发米碎80克，白萝卜120克

◐做法：

1.去皮白萝卜切成小块，装盘待用。
2.取榨汁机，选择搅拌刀座组合，放白萝卜，注少许温开水；盖上盖，选择“榨汁”功能，榨取汁水。
3.断电后将汁水倒入碗中，备用。
4.砂锅置于火上，倒入白萝卜汁，用中火煮至沸；倒入备好的米碎，搅拌均匀。
5.盖上盖，烧开后用小火煮至食材熟透。
6.揭盖，搅拌一会儿；关火后盛出煮好的稀粥即可。

专家点评

白萝卜中富含的维生素A及维生素C，能够促进体内的蛋白质合成，维持正常的骨骼发育；此外，维生素A还能保护宝宝视力，防止小儿夜盲症。白萝卜还含有丰富的纤维素，具有开胃消食、增强免疫力等功效。

长高食谱

虾仁西蓝花碎米粥

◐ **原料**：虾仁40克，西蓝花70克，胡萝卜45克，大米65克

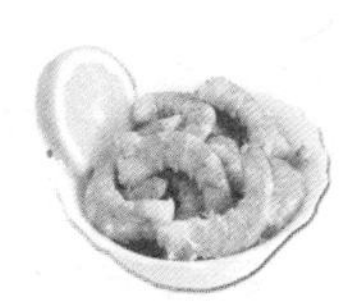

◐ **调料**：盐少许

◐ **做法**：

1.去皮胡萝卜切成片；将虾仁挑去虾线，剁成虾泥。

2.锅中注水烧开，先后放入胡萝卜、西蓝花，煮至断生，捞出；放凉后剁成末。

3.取榨汁机，选择干磨刀座组合，将大米放入杯中。

4.选择“干磨”功能，将米磨成米碎，待用。

5.锅中水烧热，倒米碎，煮成米糊。

6.依次加入虾、胡萝卜、西蓝花，煮沸，加盐调味；盛出，装入碗中即可。

专家点评

西蓝花含有丰富的维生素C，能增强肝脏的解毒能力，提高宝宝自身的抗病能力；虾仁是含钙高的食物，此道膳食除可维持孩子骨骼的正常发育外，还能起到保护视力、提高记忆力的作用。

蛋黄豆腐碎米粥

◐ **原料**：鸡蛋1个，豆腐95克，大米65克

◐ **调料**：盐少许

◐ **做法**：

1.汤锅中加水，放入鸡蛋，烧开后调小火煮约10分钟至熟，取出。

2.豆腐切成丁；熟鸡蛋去壳，取出蛋黄，用刀将蛋黄压烂，备用。

3.取榨汁机，选干磨刀座组合，将大米放杯中，选择“干磨”功能；将大米磨成米碎。

4.汤锅中加水烧热，倒入米碎，搅拌2分钟，煮成米糊。

5.加入盐、豆腐，拌煮约1分钟至豆腐熟透。

6.关火，把米糊倒入碗中，放入蛋黄即可。

鸡蛋黄含有大量的钙、磷、铁和维生素D等营养素，是促使骨质钙化、造血不可缺少的原料，能防止宝宝生长发育过快而发生的软骨病；搭配同样含钙较高，且易消化的豆腐食用，是促进宝宝健康成长的最佳滋养食品。

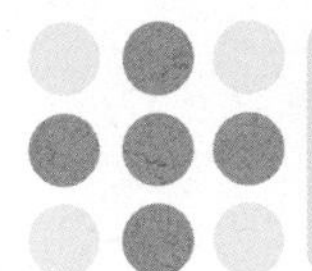

幼儿期宝宝的长高食谱

幼儿期：宝宝1～3岁为幼儿期。幼儿期的骨骼发育对成年后的身高影响很大，研究证实，根据幼儿期的身高，即可以推算出孩子未来的身高。大约在2岁的时候，幼儿的生长发育速度开始稳定在某一个百分位线上；3周岁时的身高与成年后的最终身高的相关系数可达0.8。另外，幼儿的骨骼比较脆弱，容易出现骨骼损伤，虽然宝宝的骨骼生长力较强，修复容易，但容易发生二次损害，尤其长骨折损，对宝宝的生长有一定的不利影响。

身高标准

身高(cm) / 年龄	男			女		
	−2SD	中位数	+2SD	−2SD	中位数	+2SD
15个月	74.0	79.8	85.8	72.9	78.5	84.3
18个月	76.6	82.7	89.1	75.6	81.5	87.7
21个月	79.1	85.6	92.4	78.1	84.4	91.1
2岁	81.6	88.5	95.8	80.5	87.2	94.3
2.5岁	85.9	93.3	101.0	84.8	92.1	99.8
3岁	89.3	96.8	104.6	88.2	95.6	103.4

长高秘诀

宝宝进入幼儿期，能吃的食物日益丰富，给宝宝准备膳食时要注意荤素搭配、色泽搭配、品种搭配等，以增加宝宝对食物的兴趣。同时，要注意培养宝宝有规律的饮食习惯，避免挑食或偏食，从而使宝宝膳食均衡、营养全面。这一时期的宝宝可以在医生的指导下，适当补充维生素D制剂。

在宝宝1岁以后，家长可通过按压相应的经穴，刺激骨骼之间的软骨部分，使形成骨骼的营养成分运输更加活跃，进而促进骨骼生长发育。

幼儿期是培养宝宝运动兴趣和运动习惯的最佳时期。家长应多带孩子参与户外活动，在感受大自然的气息和太阳照射的同时，促进维生素D的合成。宝宝2岁以后，可做些简单的广播体操或踢腿动作，使骨骼得到锻炼和拉伸，但不宜过量运动。

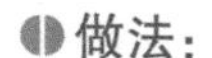

青红萝卜猪骨汤

原料：猪骨100克，青萝卜块100克，蜜枣10克，胡萝卜块70克，杏仁、陈皮各少许，高汤适量

调料：盐2克

做法：

1.开水锅中，倒入猪骨，搅散，汆煮片刻。
2.捞出汆煮好的猪骨，将猪骨过一次冷水，沥干水分，备用。
3.砂锅中注入高汤烧开，倒入汆好水的猪骨。
4.放入备好的胡萝卜、杏仁、陈皮、蜜枣，再加入青萝卜块。
5.搅拌片刻，盖上锅盖，用大火煮15分钟，转中火煮2小时至食材熟软。
6.揭开锅盖，加入盐调味，搅拌至食材入味。
7.将煮好的汤料装入碗中，稍放凉即可食用。

胡萝卜含有的胡萝卜素能转化成维生素A，促进人体骨骼、牙齿的正常生长发育；猪骨中含有大量磷酸钙、骨胶原、骨黏蛋白等，能增强骨髓造血功能，辅助骨骼的生长发育；故此道膳食，对促进幼儿长高十分有益。

娃娃菜鲜虾粉丝汤

◐ 原料：娃娃菜270克，水发粉丝200克，虾仁45克，姜片、葱花各少许

◐ 调料：盐2克，鸡粉1克，胡椒粉适量

◐ 做法：

1.将泡发好的粉丝切段，备用。
2.将洗净的娃娃菜切成小段，待用。
3.将洗好的虾仁切成小块，备用。
4.砂锅中注入适量清水烧开，撒上姜片。
5.放入备好的虾仁、娃娃菜。
6.盖上盖，煮开后用小火续煮5分钟；揭盖，加入少许盐、鸡粉、胡椒粉，拌匀。
7.放入备好的粉丝，拌匀，煮至熟软。
8.关火后盛出煮好的汤料，撒上葱花，待稍微放凉后即可食用。

虾仁含有蛋白质，钙、磷等多种矿物质元素，具有益智增高的作用；娃娃菜含有胡萝卜素、B族维生素、维生素C等营养成分，具有养胃生津、清热解毒等功效；搭配食用，对幼儿生长发育有益。

长高食谱

花生红枣木瓜排骨汤

◐ 原料：排骨块180克，木瓜块80克，花生米70克，红枣20克，核桃仁15克，高汤适量

◐ 调料：盐3克

◐ 做法：

1.锅中注入适量清水烧开，倒入洗净的排骨块，搅拌均匀，煮约2分钟，氽去血水。
2.关火后捞出氽煮好的排骨。
3.将排骨过一下冷水，装盘备用。
4.砂锅中注入高汤烧开，倒入备好的排骨。
5.放入备好的木瓜、红枣、花生米、核桃仁，搅拌匀。
6.大火烧开后转小火炖1～3小时至食材熟透。
7.加入少许盐，调味；盛出炖煮好的汤料，装入碗中即可。

专家点评

木瓜有助消化、益智、调节生理代谢平衡等功效；排骨中含有的磷酸钙、骨黏蛋白等物质能够促进骨骼的生长发育；搭配红枣、花生食用，能够满足幼儿成长所需的大量营养素，对幼儿有益智增高的作用。

花蛤紫菜汤

◐ **原料：** 蛤蜊400克，水发紫菜80克，姜丝、香菜段各少许

◐ **调料：** 盐2克，鸡粉2克，胡椒粉、食用油各适量

◐ **做法：**

1.洗好的蛤蜊切开，去除内脏。

2.放入碗中，用清水洗干净，备用。

3.锅中注入适量清水烧开，放入处理好的蛤蜊，撒入姜丝。

4.加入少许盐、鸡粉，倒入少许食用油，煮至沸；加入洗好的紫菜，拌匀。

5.撒入适量的胡椒粉，继续搅拌片刻，至紫菜完全散开。

6.关火后盛出煮好的汤料，装入汤碗中，撒上香菜段即可。

专家点评

蛤蜊中含有的碳酸钙及磷酸钙，是构成人体骨骼及牙齿的主要无机盐；且蛤蜊中还含有维生素、镁、铁、锌等营养成分，有开胃、滋阴、润燥的作用，不仅对幼儿的骨骼及牙齿发育十分有益，还能预防小儿厌食、便秘。

鲜奶玉米糊

原料： 牛奶120毫升，玉米片50克，猕猴桃55克，葡萄干15克

做法：

1.去皮猕猴桃切成薄片，放在盘中，待用。
2.汤锅上火烧热，倒入牛奶，用大火煮片刻。
3.待牛奶将沸时撒入备好的玉米片。
4.搅拌几下，用中火煮片刻，至玉米片溶化。
5.向锅中撒入洗净的葡萄干，拌匀、搅散，略煮片刻。
6.再倒入切片的猕猴桃，搅拌匀；续煮一会儿至其析出营养物质。
7.关火后盛出煮好的玉米糊，放入碗中，待稍微放凉后即成食用。

专家点评

此道膳食中，牛奶与葡萄干都是含钙较高的食物，且牛奶中的钙极易被人体消化吸收，是人体钙质的最佳食物来源；幼儿常食本品，对促进骨骼发育、强壮身体、防治小儿佝偻病等都很有帮助。

学龄前孩子的长高食谱

学龄前：孩子在3～6岁时为学龄前期。学龄前孩子身体各部位比例变化较为明显，头、躯干、四肢生长速度也不同，仍然是长骨（四肢）发育较快。这一时期的孩子，关节面软骨较厚，关节囊、韧带的伸展性大，关节周围的肌肉细长，活动范围大于成人，所以很多成人不能完成的动作，这一时期的孩子都能完成。但是，他们的关节牢固性差，也较脆弱，在外力作用下容易脱位，易受伤害，家长应多加防护。

身高标准

身高(cm) 年龄	男			女		
	–2SD	中位数	+2SD	–2SD	中位数	+2SD
3.5岁	93.0	100.6	108.6	91.9	99.4	107.2
4岁	96.3	104.1	112.3	95.4	103.1	111.1
4.5岁	99.5	107.7	116.2	98.7	106.7	115.2
5岁	102.8	111.3	120.1	101.8	110.2	118.9
5.5岁	105.9	114.7	123.8	104.9	113.5	122.6
6岁	108.6	117.7	127.2	107.6	116.6	126.0

长高秘诀

这一时期，是孩子骨骼生长的储备期，营养的提供仍然至关重要。学龄前孩子的营养，应该以糖类为主，蛋白质食物为辅，适当补充脂肪性食物，防止儿童因摄入过多脂肪而导致肥胖，增加骨骼的负担。此外，培养孩子健康的饮食习惯，让孩子不偏食、厌食，也可避免因钙摄入不足而造成的身材矮小、发育迟缓。

对学龄前的儿童进行肌肉生长点的按摩，可促使骨骼增长，促进包裹骨头的肌肉的蛋白质合成，有助于骨骼与肌肉的生长发育。

鼓励学龄前孩子跳舞、做幼儿体操、多参与户外游戏等，这能加速血液循环，给骨骼组织输送更多的营养物质，使骨骼生长加速，骨质致密。但此时宝宝体力有限，对运动的耐受性差，运动时间、强度、方式等都要适合自己的孩子，不可超量、超时运动。

长高食谱

芝麻拌芋头

◐ **原料**：芋头300克，熟白芝麻25克

◐ **调料**：白糖7克，老抽1毫升

◐ **做法**：

1.去皮芋头切开，改切成小块；把切好的芋头装入蒸盘中，待用。

2.蒸锅上火烧开，放入蒸盘；盖上盖，用中火蒸约20分钟，至芋头熟软。

3.揭盖，取出蒸盘，放凉待用。

4.取一个大碗，倒入蒸好的芋头。

5.加入适量白糖、老抽，拌匀，压成泥状；撒上适量白芝麻。

6.搅拌匀，至白糖完全溶化。

7.另取一碗，盛入拌好的材料即可。

专家点评

芝麻不仅含钙丰富，且有乌发润发的作用；芋头含有蛋白质、胡萝卜素、B族维生素、维生素C、钙、磷、铁、钾等营养成分，具有增强免疫力、促进消化、增进骨骼发育等功效，适合辅助学龄前期孩子长高食用。

清蒸冬瓜生鱼片

原料：冬瓜400克，生鱼300克，姜片、葱花各少许

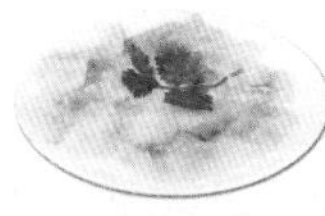

调料：盐、鸡粉各2克，生粉10克，芝麻油2毫升，胡椒粉、蒸鱼豉油适量

做法：

1.去皮冬瓜切成片；生鱼肉去骨，切成片。
2.装入碗中，加盐、鸡粉，放入姜片，放入适量胡椒粉、生粉，拌匀。
3.淋入适量芝麻油，拌匀；把鱼片摆入碗底，放上冬瓜片，再放上姜片。
4.将装有鱼片、冬瓜的碗放入烧开的蒸锅中。
5.用中火蒸约15分钟，至食材熟透，取出蒸熟的食材。
6.倒扣入盘里，揭开碗，撒上葱花，浇入蒸鱼豉油即成。

生鱼有很高的营养价值，其含有蛋白质、脂肪、钙、磷、铁及多种维生素，具有补脾利水、清热祛风、补肝益肾等功效；冬瓜脂肪含量低、热量小，能有效预防儿童肥胖，减轻骨骼生长的负担。

长高食谱

滑蛋牛肉

原料：牛肉100克，鸡蛋2个，葱花少许

调料：盐4克，水淀粉10毫升，鸡粉、食粉、生抽、味精、食用油各适量

做法：

1.牛肉切薄片，装入碗中；加食粉、生抽、盐、味精，拌匀；加水淀粉，拌匀。
2.再倒入少许食用油，腌渍10分钟。
3.将鸡蛋打入碗中，加入适量盐、鸡粉、水淀粉，搅匀。
4.热锅注油，烧至五成热，倒入牛肉，滑油至转色；将牛肉捞出备用。
5.把牛肉倒入蛋液中，加葱花，搅匀；锅底留油，烧热；倒入蛋液，煎片刻。
6.快速翻炒匀，至熟透；将其盛出装盘即成。

专家点评

鸡蛋含有丰富的蛋白质、氨基酸、磷脂及维生素D，可提高机体对钙的吸收利用，能促使骨骼钙化；牛肉具有强筋骨、补脾胃、益气血等功效。两者搭配食用，对帮助儿童骨骼生长、预防缺铁性贫血十分有益。

长高食谱

白菜豆腐肉丸汤

原料： 肉丸240克，水发木耳55克，白菜100克，豆腐85克，姜片、葱花各少许

调料： 盐1克，鸡粉2克，胡椒粉2克，芝麻油适量

做法：

1.将洗净的白菜切开，再切小块；豆腐切开，再切小方块。

2.砂锅中注入适量清水烧开，倒入肉丸、姜片；放入备好的豆腐、木耳，拌匀。

3.盖上盖，烧开后用小火煮15分钟；揭盖，倒入备好的白菜。

4.加入适量盐、鸡粉、胡椒粉，拌匀，至食材入味。

5.关火后盛出煮好的肉丸汤，装入碗中，淋入少许芝麻油，点缀上葱花即可。

专家点评

豆腐富含蛋白质、维生素、钙、磷、铁等物质，能增进食欲、帮助消化、促使骨骼钙化，帮助儿童长高；搭配同样含钙、铁高的木耳食用，不但对儿童生长发育有益，而且还能预防缺铁性贫血。

奶油鳕鱼

◐ **原料：** 鳕鱼肉300克，鸡蛋1个，奶油60克，面粉100克，姜片、葱段各少许

◐ **调料：** 盐、胡椒粉各2克，料酒、食用油各适量

◐ **做法：**

1.鳕鱼肉放碗中，加盐、料酒；倒入姜片、葱段，撒上胡椒粉，腌渍20分钟，至其入味。
2.在鳕鱼肉上打入蛋清，拌匀，待用。
3.煎锅置于火上，倒入适量食用油，烧热；将腌制的鳕鱼滚上面粉，放入煎锅中，用中小火煎出香味。
4.翻转鱼肉，煎至两面熟透，关火后盛出。
5.煎锅置于火上，倒入奶油，烧至溶化；倒入鱼块，用中火略煎一会儿，至鱼肉入味。
6.关火后盛出煎好的鱼肉即可。

鳕鱼中除了含有丰富的维生素A、维生素D以外，还含有DHA、DPA，能够促进钙的吸收、辅助幼儿的智力发育；鸡蛋含有蛋白质、卵磷脂、卵黄素、铁、磷、钙等元素，对提高幼儿免疫力十分有益，两者同食，能帮助幼儿健康成长。

学龄期孩子的长高食谱

学龄期： 儿童在7～12岁时为学龄期。进入学龄期后，儿童骨骼的生长速率慢慢处于一个平稳缓和的状态，直至青春期到来之前，平均每年会增长5～7厘米。学龄期儿童的骨骼较柔软、富有弹性、韧性好，但特别容易受外力的影响而发生变形，如不正确的坐立姿势、写字姿势、背书包姿势等，都会造成脊椎的变形，影响骨骼发育。因此，这一时期需要特别注意纠正儿童不正确的坐、立、行等姿势。

身高标准

身高(cm) / 年龄	男			女		
	–2SD	中位数	+2SD	–2SD	中位数	+2SD
7岁	114.0	124.0	134.3	112.7	122.5	132.7
8岁	119.3	130.0	141.1	117.9	128.5	139.4
9岁	123.9	135.4	147.2	122.6	134.1	145.8
10岁	127.9	140.2	152.7	127.6	140.1	152.8
11岁	132.1	145.3	158.9	133.4	146.6	160.0
12岁	137.2	151.9	166.9	139.5	152.4	165.3

长高秘诀

学龄期孩子，虽然生长进入平稳期，但是由于增加了学业任务，活动量也增大，所以营养的补充不能忽视，尤其是早餐，要品种丰富、营养全面；晚餐宜清淡，忌油腻，以免影响孩子的消化吸收，导致第二天早上食欲不佳。宜多吃含钙高以及富含维生素D的食物，如海鱼、牛奶、猪肉、虾、土豆、苋菜等，为青春期骨骼的迅速生长打下基础。

学龄期孩子可接受全身性的、长时间且较为有力的按摩，长期坚持按摩可增高助长的经穴，能刺激骨骼生长。

学龄期孩子精力充沛，运动的主动性强，所以家长制订运动计划时，要根据孩子的体能和生长时机合理安排运动时间和强度。尽量不要让孩子超负荷运动；写字、画画、玩耍、作业的时间也不宜过长，以防肌肉或骨骼损伤。

玉米羊肉汤

原料： 羊肉120克，玉米粒100克，香菜末少许，高汤适量

调料： 盐2克，鸡粉2克，胡椒粉3克

做法：

1.砂锅中注入适量高汤烧开，放入洗净的玉米粒，拌匀。

2.盖上锅盖，煮约10分钟至熟。

3.揭开锅盖，加入适量盐、鸡粉，淋入少许胡椒粉，拌匀调味。

4.放入洗净切片的羊肉，拌匀。

5.盖上盖，焖煮约15分钟至熟。

6.揭盖，撒上香菜末，略煮片刻。

7.关火后盛出煮好的汤料，装入碗中，待稍微放凉后即可食用。

专家点评

羊肉中含有丰富的蛋白质、钙、铁、维生素D等营养素，可促进钙吸收、提高人体免疫力。此外，玉米含有不饱和脂肪酸、维生素E等营养成分，有助于儿童脑细胞的正常发育。两者搭配食用，对儿童有益智增高的作用。

青豆排骨汤

◐ 原料：青豆120克，玉米棒200克，排骨350克，姜片少许

◐ 调料：盐2克，鸡粉2克，料酒6毫升，胡椒粉少许

◐ 做法：

1.玉米棒切成块；锅中注水烧开，倒入排骨。
2.放入料酒，大火烧开，汆煮1分钟，去除血水；把汆过水的排骨捞出，备用。
3.砂锅中注入适量清水，用大火烧开；倒入汆过水的排骨，放入玉米。
4.倒入洗净的青豆，撒入少许姜片，再加入适量料酒。
5.烧开后用小火炖1小时至熟，放入盐、鸡粉、胡椒粉，拌匀调味。
6.关火后盛出煮好的汤料，装碗即可。

排骨含有蛋白质、脂肪、维生素、磷酸钙、骨胶原、骨黏蛋白等，能增强骨髓的造血功能，促进骨骼生长发育，搭配富含不饱和脂肪酸和大豆磷脂的青豆，还有益智健脑的作用，适合生长发育期的儿童食用。

花菜汤

◐**原料**：花菜160克，骨头汤350毫升

◐**做法**：

1.锅中注入适量清水烧开。
2.倒入洗好的花菜，搅拌匀，用中火煮约5分钟至其断生。
3.捞出焯煮好的花菜，沥干水分，放凉；将放凉的花菜切碎，备用。
4.锅中注入清水烧开，倒入骨头汤，煮至沸。
5.放入切好的花菜，搅拌均匀。
6.盖上锅盖，烧开后用小火煮约15分钟至其入味，揭开锅盖，搅拌一会儿。
7.关火后盛出煮好的汤料，装入碗中即可。

花菜含有蛋白质、膳食纤维、维生素A、钙、磷等营养成分，具有清热解渴、增强免疫力等功效；骨头汤中含有的磷酸钙、骨黏蛋白等，能增进骨髓的造血功能，促进骨骼生长。两者搭配，适合处在生长期的儿童食用。

长高食谱

奶香牛骨汤

◐ **原料**：牛奶250毫升，牛骨600克，香菜20克，姜片少许

◐ **调料**：料酒、盐、鸡粉各适量

◐ **做法**：

1.洗净的香菜切段，备用。

2.锅中注入适量清水烧开，倒入牛骨，淋入料酒，煮沸后汆去血水。

3.把牛骨捞出，装盘备用。

4.砂锅注入适量清水烧开，放入牛骨，加入姜片，淋入适量料酒。

5.加盖，小火炖2小时至熟；揭开盖子，放盐、鸡粉，调味；倒入牛奶，拌匀，烧开。

6.关火，把煮好的汤料盛入碗中，放上香菜，待稍微放凉后即可食用。

专家点评

牛骨含有磷酸钙、碳酸钙、骨胶原等营养成分，是构成骨骼的主要无机盐，能促使骨骼钙化；搭配牛奶食用，能提高钙的吸收利用率、补充儿童成长所需的营养素，对生长发育十分有益。

芦笋鲜蘑菇炒肉丝

◐ 原料：芦笋75克，口蘑60克，猪肉110克，蒜末少许

◐ 调料：盐2克，鸡粉2克，料酒5毫升，水淀粉、食用油各适量

◐ 做法：

1.口蘑、芦笋切成条形；猪肉切成细丝。
2.肉丝装入碗中，加入盐、鸡粉，倒入水淀粉，搅拌均匀，淋入食用油，腌渍10分钟。
3.锅中倒水烧开，加盐、口蘑、食用油，略煮；倒入芦笋，煮约1分钟至其断生，捞出。
4.热锅注油，烧热，肉丝滑油至变色，捞出。
5.锅底留油，倒入蒜末，炒香；倒入焯过水的食材、猪肉丝；加入料酒、盐、鸡粉，炒匀。
6.倒入水淀粉，续炒至食材入味；关火盛出，装碗即可。

芦笋含有蛋白质、维生素、天冬酰胺、硒、钼、铬、锰等营养成分，具有调节机体代谢、增强免疫力等功效；蘑菇富含的蛋白质，是构成机体细胞的主要营养素，能够辅助骨骼的生长发育，帮助儿童健康成长。

青春期孩子的长高食谱

青春期：青春期是儿童逐渐发育成为成人的过渡期，是继婴儿期之后人体生长发育的第二个高峰期。尤其是骨骼的发育，可以用“飞速生长”这四个字来概括。长骨在生长最快的月份里，可以长5厘米；有的孩子一年能长10厘米，快的甚至可以长20厘米。这一时期身高增长可以说决定了孩子未来的身高，压力过大、营养不良、营养过剩、运动不当……都可能阻碍孩子长高，家长要密切关注孩子的变化，让孩子在轻松愉快的环境中快乐成长。

身高标准

身高(cm)／年龄	男			女		
	-2SD	中位数	+2SD	-2SD	中位数	+2SD
13岁	144.0	159.5	175.1	144.2	156.3	168.3
14岁	151.5	165.9	180.2	147.2	158.6	169.9
15岁	156.7	169.8	182.8	148.8	159.8	170.8
16岁	159.1	171.6	184.0	149.2	160.1	171.0
17岁	160.1	172.3	184.5	149.5	160.3	171.0
18岁	160.5	172.7	184.7	149.8	160.6	171.3

长高秘诀

由于男孩与女孩生理上的差异，青春期的女孩子，身体会出现脂肪堆积的生理特征，因此女孩的饮食最好供给含有适量脂肪、高蛋白、高维生素以及适量纤维素的食物；男孩的饮食可多补充脂肪类食物，但是每天摄入的脂肪食物总量不能超过淀粉食物总量，且与富含蛋白质的食物比例相当，维生素和纤维素的食物量也应增加。同时，应防止孩子过量摄入滋补品或者高脂肪食品，避免骨骺线提前闭合。

此时期对孩子施以正脊推拿法，能改变脊椎的变形，让脊椎恢复原有的位置，矫正变形骨骼，最终达到促进长高的目的。

青春期是孩子快速生长的第二个时期，孩子应多做有氧运动，从而长得快、长得高。但过度的运动会使孩子的肌肉因过度伸展而失去弹性，反而限制孩子的生长。

木耳烩豆腐

◐ **原料**：豆腐200克，木耳50克，蒜末、葱花各少许

◐ **调料**：盐3克，鸡粉2克，生抽、老抽、料酒、水淀粉、食用油各适量

◐ **做法**：

1.豆腐切成条，切小方块；木耳切小块。
2.开水锅中，加盐、豆腐块，煮1分钟。
3.把木耳倒入沸水锅中，煮半分钟，捞出。
4.用油起锅，放入蒜末，爆香；倒入木耳，炒匀，淋入适量料酒，炒香。
5.加入少许清水，放入适量生抽；加入适量盐、鸡粉；淋入少许老抽，拌匀煮沸。
6.放入焯煮过的豆腐，搅匀，煮2分钟至熟；倒入适量水淀粉勾芡。
7.盛出食材，装入碗中，撒入少许葱花即可。

此道膳食中的木耳及豆腐都是含钙较高的食物，可促进骨骼钙化，减缓骨骺线闭合的速度，辅助青春期孩子长高；且木耳中还含有丰富的铁元素，可预防缺铁性贫血，对青春期孩子的生长发育有辅助作用。

软熘虾仁腰花

◐ 原料：虾仁80克，猪腰140克，枸杞3克，姜片、蒜末、葱段各少许

◐ 调料：盐3克，鸡粉4克，料酒、水淀粉、食用油各适量

◐ 做法：

1.将虾仁虾线挑去；猪腰切去筋膜，切成片。
2.把猪腰装入碗中，加盐、鸡粉、料酒，抓匀；倒入水淀粉抓匀，腌渍10分钟至入味。
3.虾仁装入碗中，加盐、鸡粉、料酒、水淀粉，注入食用油，腌渍10分钟至入味。
4.开水锅中，倒入猪腰，汆至转色，捞出。
5.用油起锅，放入姜片、蒜末、葱段，爆香；倒虾仁、猪腰、料酒、盐、鸡粉、水，调味。
6.倒入水淀粉勾芡，放入枸杞，拌炒均匀。
7.将炒好的材料盛出，装入盘中即成。

猪腰含锌丰富，能够调节机体新陈代谢，维持各项身体功能的正常运转；虾仁含有蛋白质、钙、碘及维生素A等营养成分，能促进孩子骨骼、牙齿的生长发育；两者搭配食用，能改善儿童缺钙、厌食、异食等现象。

肉末包菜

◐ 原料：包菜200克，肉末70克，姜末、蒜末各少许

◐ 调料：盐3克，鸡粉2克，料酒、生抽2毫升，水淀粉3毫升，食用油适量

◐ 做法：

1.包菜切成小块，装入盘中待用。
2.锅中注水烧开，放入食用油，加盐，倒入包菜，搅匀，煮2分钟至熟，捞出，待用。
3.用油起锅，倒入肉末，炒至转色；淋入料酒，炒香；放入生抽，炒匀；倒入姜末、蒜末，炒匀。
4.放入焯煮好的包菜，翻炒均匀；倒入少许清水，翻炒片刻；放入盐、鸡粉，炒匀调味。
5.用大火收汁，倒入水淀粉；拌炒匀至入味。
6.关火，将炒好的菜盛出，装入碗中即可。

专家点评

包菜含有丰富的维生素A、钙和磷，能促进骨骼的发育；猪肉中的蛋白质是构成及修补人体肌肉、骨骼及各部位组织的基本物质，其中的维生素D，能促进钙吸收；故此道膳食对延缓青春期孩子的骨骺线闭合有益。

杂酱莴笋丝

◐ 原料：莴笋120克，肉末65克，水发香菇45克，熟蛋黄25克，姜片、蒜末、葱段各少许

◐ 调料：盐3克，鸡粉少许，料酒3毫升，生抽4毫升，食用油适量

◐ 做法：

1.香菇切细丁，去皮莴笋切细丝。
2.煎锅置火上，淋入食用油烧热，倒入肉末，用中火快炒至其转色，淋入料酒，炒匀炒透。
3.倒入姜片、蒜末、葱段、香菇丁，炒香；注入清水，略煮，淋生抽，加盐、鸡粉，炒匀。
4.关火后盛出材料，装在盘中，制成酱菜。
5.用油起锅，倒入莴笋丝，炒匀，至其变软；加盐、鸡粉，快炒至食材入味。
6.关火盛出，装盘；再盛入酱菜，点缀熟蛋黄即成。

香菇及蛋黄中都含有维生素D原，能促进钙吸收；莴笋含有蛋白质、核黄素、维生素E以及钙、铁、锰、锌等营养成分，有促进骨骼正常发育、增强人体免疫力等作用，适合青春期快速生长的孩子食用。

长高食谱

西红柿烧排骨

原料：西红柿90克，排骨350克，蒜末、葱花各少许

调料：盐2克，白糖5克，番茄酱10克，生抽、料酒、水淀粉、食用油适量

做法：

1.将洗净的西红柿切成小块。

2.开水锅中，放排骨、料酒，汆去血水。

3.用油起锅，放入蒜末，爆香；倒入排骨、料酒、生抽，拌炒匀。

4.注入适量清水，放入番茄酱、盐、白糖，炒匀调味。

5.小火焖煮15分钟至熟透；放入西红柿，拌匀。

6.用小火焖煮3分钟至熟；用大火收汁，倒入水淀粉；快速拌炒均匀。

7.将材料盛出，装入盘中，撒上葱花即可。

专家点评

西红柿能增加胃液酸度，调整胃肠功能，帮助消化、增进食欲；猪排骨含有蛋白质、磷酸钙、骨胶原、骨黏蛋白等，能使骨骼逐渐钙化、延缓骨骺线闭合。两者搭配食用，不仅能帮助孩子长高，还能预防因厌食、偏食造成的营养不良。

海带黄豆猪蹄汤

◐ **原料**：猪蹄500克，水发黄豆100克，海带80克，姜片40克

◐ **调料**：盐、鸡粉各2克，胡椒粉少许，料酒6毫升，白醋15毫升

◐ **做法**：

1.猪蹄对半切开，斩成小块；海带切小块。
2.锅中注水烧热，放入猪蹄块，淋白醋，大火煮一会儿，捞出。
3.再放入海带，煮约半分钟，捞出，备用。
4.砂锅中注水烧开，放入备好的姜片、黄豆、猪蹄，搅匀。
5.放入焯煮好的海带，淋入料酒。
6.煮沸后小火煲煮约1小时至熟透；加鸡粉、盐，搅拌；撒胡椒粉，再煮至汤汁入味。
7.关火后取下砂锅即可。

专家点评

猪蹄中含有丰富的胶原蛋白，被称为“骨骼中的骨骼”，是构成肌腱、韧带及结缔组织的主要成分，特别适合青春期的孩子食用；且搭配富含优质蛋白的黄豆食用，能为青春期孩子快速成长提供充足的营养，促进生长发育。

缤纷四季，美食助长

万物的生长和更替与大自然息息相关，而孩子的成长同样受到大自然的影响。“春生夏长、秋收冬藏”，每个季节气候特征不一样，孩子的生长速度也各不相同。在不同的时节，合理安排孩子的饮食，都能为孩子长高添动力。每个季节，孩子身高增长到底有何特点？如何选择膳食，让孩子不错过长高的每一个关键期？下面就为您一一揭晓。

儿童春季增高食谱

春季，儿童长高正当时

春季人体新陈代谢旺盛，血液循环加快，内分泌激素尤其是生长激素分泌增多，为正处于生长发育期的儿童创造了“黄金条件”。据世界卫生组织的一项研究表明，儿童在春季长得较快。

同时，春季阳光中的紫外线含量是所有季节中最高的。紫外线对儿童骨骼的生长发育十分有益，因为无论是从食物中摄取的维生素D原，还是人体皮肤组织中的7–脱氢胆固醇，只有经过紫外线的照射才能转化为维生素D，满足人体的需求，促进骨骼发育。同时，维生素D还能促进胃肠道对钙、磷的吸收，为骨骼的生长发育提供充足的钙、磷。

饮食指导

作为父母，需要根据孩子的年龄特点，为其准备丰富多样的食物，并做到色、香、味俱全，以增进孩子的食欲。

春季孩子生长除了需要充足的蛋白质外，补钙也很关键。家长可适当给孩子吃一些奶制品、豆制品、虾皮、芝麻和海产品等含钙量高的食物。维生素也不可少，给孩子适量补充维生素D、维生素C以及维生素A，能促进钙的吸收，从而为骨骼生长提供原料。

此外，春季给孩子补充适量的不饱和脂肪酸，也对孩子的生长发育有益。

增高秘籍

秘籍一：充足的睡眠

生长激素在夜间人体进入深睡眠时分泌达高峰，深睡眠时间越长，生长激素分泌量越多，孩子越容易长高。因此，建议孩子尽量在20：30前入睡，最迟也不要超过21：30。一般，睡眠时间保证在9～10小时为佳，但由于不同年龄段孩子需要的睡眠时间不一样，父母应根据孩子的年龄来确定适宜的睡眠时间。此外，提高孩子的睡眠质量也很重要。

秘籍二：适量的运动

随着气温增高，天气变暖，增加孩子室外活动的时间，可以提高身体对钙的吸收，增强免疫力。春季，可以多选择轻松活泼、自由伸展和开放性的运动项目，婴幼儿可做主动或被动体操，学龄儿童可做向上跳的运动，如跳跃、投篮、引体向上等。注意不要长期过量超负荷运动，以免造成软骨损伤或肌肉劳损，阻碍正常的生长发育。

长高食谱

葡萄干果粥

原料： 泡发大米30克，松仁20克，葡萄干15克

调料： 冰糖30克

做法：

1.锅中倒入约800毫升的清水，盖上盖，将水烧开。
2.揭开锅盖，向锅中倒入泡发好的大米，放入松仁和洗净的葡萄干。
3.盖上锅盖，烧开后转小火煮约15分钟。
4.揭开盖，用锅勺搅拌几下，防止粘锅。
5.盖上盖，继续煮约25分钟至汤汁成奶白色。
6.揭盖，将冰糖倒入锅中，轻搅片刻，继续煮约2分钟至冰糖完全溶化。
7.关火，将煮好的甜粥盛出即可。

松仁富含蛋白质、钙、磷、铁等营养素，且多为不饱和脂肪酸；葡萄干营养丰富，具有健脾和胃、助消化的功效。此道膳食可增进小儿食欲，减缓骨骺线闭合的速度，并对儿童生长发育有一定帮助。

长高食谱

营养糯米饭

◐ **原料**：板栗肉150克，胡萝卜100克，香菇35克，豌豆50克，水发糯米170克，大米150克，高汤300毫升

◐ **做法**：

1.洗净的香菇切丝，改切成小丁块。
2.洗好去皮的胡萝卜切成粒。
3.洗净的板栗肉切去头尾，再切成丁，备用。
4.砂锅中注入适量清水烧热，倒入高汤，用大火煮一会儿，倒入洗净的大米、糯米。
5.再依次倒入备好的豌豆、香菇、胡萝卜、板栗肉，拌匀。
6.盖上锅盖，烧开后转小火煮约40分钟至熟。
7.揭盖，搅拌几下，用中火略煮一会儿。
8.关火后盛出煮好的糯米饭即可。

胡萝卜中富含的维生素A是骨骼正常生长发育的必需物质，可促进儿童生长发育；板栗营养丰富，具有养胃健脾、强筋健骨的功效；豌豆含有赤霉素和植物凝素，具有促进儿童新陈代谢的作用。

玉米山药粥

◐原料：山药90克，玉米粉100克

◐做法：

1.将去皮洗净的山药切成条，再切成小块，装入碗中，备用。

2.取一小碗，放入备好的玉米粉，倒入适量清水，边倒边搅拌，至米粉完全融化，制成玉米糊，待用。

3.砂锅中注入适量清水烧开，放入山药丁。

4.搅拌匀，倒入调好的玉米糊，边倒边搅拌。

5.用中火煮约3分钟，至食材熟透。

6.关火后，盛出煮好的山药米糊，装在备好的碗中即成。

专家点评

玉米粉的主要成分为玉米，玉米营养丰富，含有丰富的钙和维生素，是非常健康的粗粮；与山药搭配熬制成粥，易于消化吸收，具有保护视力、补益气血的功效，非常适合成长期儿童食用。

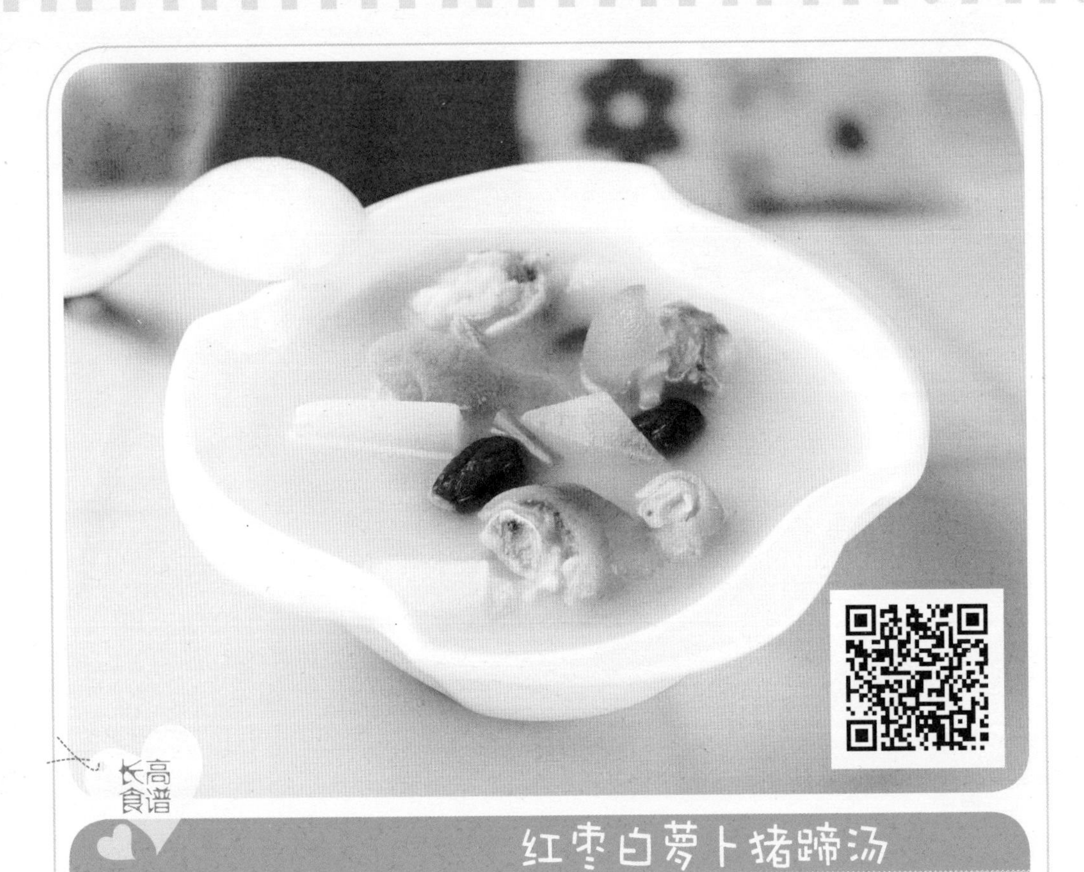

红枣白萝卜猪蹄汤

◐原料：白萝卜200克，猪蹄400克，红枣20克，姜片少许

◐调料：盐2克，鸡粉2克，料酒16毫升，胡椒粉2克

◐做法：

1.洗好去皮的白萝卜切开，再切成小块。
2.锅中注水烧开，倒入洗好的猪蹄。
3.淋适量料酒，拌匀，煮至沸，捞出，待用。
4.砂锅中注水烧开，倒入猪蹄、红枣、姜片，淋料酒，拌匀。
5.烧开后用小火煮约40分钟，至食材熟软。
6.倒入白萝卜块，小火续煮20分钟。
7.加入适量盐、鸡粉、胡椒粉，搅拌片刻，至食材入味。
8.关火后将煮好的汤料盛出，装入碗中即可。

白萝卜富含维生素C和锌，有助于增强机体的免疫功能，提高孩子的抗病能力；其膳食纤维含量也较高，有益于孩子的肠道健康。猪蹄中含有丰富的胶原蛋白，被称为“骨骼中的骨骼”，可促进儿童生长发育。

韭菜炒牛肉

◐ **原料：** 牛肉200克，韭菜120克，彩椒35克，姜片、蒜末各少许

◐ **调料：** 盐3克，鸡粉2克，料酒4毫升，生抽5毫升，水淀粉、食用油各适量

◐ **做法：**

1.洗净的韭菜切成段，洗好的彩椒切粗丝。

2.洗净的牛肉切丝，装入碗中，加料酒、盐、生抽、水淀粉，拌匀上浆，淋食用油，腌渍约10分钟，至其入味。

3.用油起锅，倒入肉丝，翻炒至变色，放姜片、蒜末，炒香。

4.倒入韭菜、彩椒，大火翻炒至食材熟软。

5.加少许盐、鸡粉，淋入少许生抽。

6.用中火炒匀，至食材入味。

7.关火后盛出炒好的菜肴，装入盘中即成。

牛肉含有丰富的蛋白质，能提高机体抗病能力，具有强健筋骨、滋养脾胃、补中益气的功效，与膳食纤维含量丰富的韭菜搭配食用，不仅能增进儿童食欲，而且对儿童的骨骼发育也颇为有益。

儿童夏季增高食谱

夏季，儿童长高有策略

夏季天气渐渐炎热起来，也到了孩子们陆续放暑假的时候，而暑假是孩子长高的大好时期。虽然夏季日长夜短、天气炎热、体能消耗量大，会影响到孩子增高的速度，但是这个时期也有很多利于孩子长高的因素，如营养状况、体育锻炼、阳光、睡眠等，在假期都能够得到较好的保障。如果家长想要孩子个头也能在暑假“蹿一蹿”，就需要根据夏季的特点采取有针对性的策略。

家长在保证孩子营养均衡和饮食多样化的基础上，应让孩子多进行一些体育锻炼，同时还要让孩子合理安排作息时间，尽量在晚上10点前入睡，避免因放假不用上学，学业负担减轻，造成“白天睡懒觉晚上不想睡”的现象，从而确保孩子假期有较好的睡眠。

饮食指导

夏季天气炎热，孩子在高温下新陈代谢速度加快，体能消耗增多，食欲也在减退，因而无法摄取足够的营养。但是夏季正是孩子长个头的好时节，千万不能因为食欲差就不吃饭或乱吃零食。夏季饮食应以清淡为主，在保证蛋白质给予充足的前提下，让孩子多吃些新鲜蔬果。特别是绿叶类蔬菜，如空心菜、苋菜、芹菜等，富含胡萝卜素、维生素及钙、铁、锌等营养物质，对孩子身体各项生理功能的调节都很有益。此外，还可多吃些清热祛暑的食物，如鸭肉、鱼、豆腐、绿豆、冬瓜、苦瓜等。

增高秘籍

秘籍一：饮食规律，少吃零食

影响孩子身高的关键因素就是平时的饮食。想长高，蛋白质、维生素、矿物质一样都不能少。现在很多孩子都爱吃零食，一日三餐吃饭却不规律。特别是一到暑假，这种情况就更严重。爸妈去上班，孩子独自在家，要么不吃饭，要么一吃就吃很多零食，这些都会阻碍孩子长高。因此，夏季更应该注意孩子的日常饮食，不能让孩子吃太多零食。

秘籍二：游泳助长高

夏季游泳不仅能让人感觉凉爽舒适，更能助儿童自然长高。游泳作为一项全身性运动，经常练习可促进儿童骨骼的生长发育。此外，人在水中活动比在陆地活动消耗的能量要多，这会使一些平时因挑食、偏食而造成营养不良的儿童在运动后胃口大开。夏季天气炎热，运动量少，而游泳不仅是休闲避暑的好选择，也有力地保证了适宜的运动量。

长高食谱

苦瓜花甲汤

◐ 原料：花甲250克，苦瓜片300克，姜片、葱段各少许

◐ 调料：盐、鸡粉、胡椒粉各2克，食用油少许

◐ 做法：

1.苦瓜洗净后切片，备用。
2.锅中注入适量食用油，放入备好的姜片、葱段，爆香。
3.倒入洗净的花甲，翻炒均匀。
4.锅中加入适量清水，搅拌匀，煮约2分钟至沸腾。
5.倒入洗净切好的苦瓜，煮约3分钟。
6.加入适量的鸡粉、盐，再撒上胡椒粉。
7.拌匀调味。
8.盛出煮好的汤料，装入碗中即可。

专家点评

苦瓜含有蛋白质、膳食纤维、胡萝卜素、维生素及钾、镁、磷等营养成分，具有清热解毒、解劳清心等功效；花甲味道鲜美，营养较全面，是一种高蛋白、低热能的食物。本品非常适合儿童夏季食用。

砂锅鸭肉面

◐ 原料：面条60克，鸭肉块120克，上海青35克，姜片、蒜末、葱段各少许

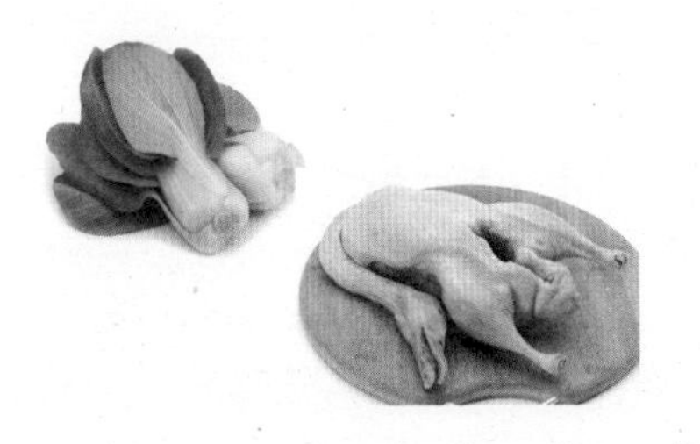

◐ 调料：盐、鸡粉各2克，料酒7毫升，食用油适量

◐ 做法：

1.洗净的上海青对半切开。
2.锅中注水烧开，加食用油，倒入上海青，拌匀，煮至断生，捞出，待用。
3.沸水锅中倒入鸭肉，拌匀，氽去血水。
4.撇去浮沫，捞出鸭肉，沥干水分，待用。
5.砂锅中注水烧开，倒入鸭肉，淋料酒，撒蒜末、姜片；烧开后用小火煮约30分钟。
6.放入面条，搅拌匀，转中火煮约3分钟至面条熟软；加盐、鸡粉，拌匀，煮至食材入味。
7.关火后取下砂锅，加入上海青、葱段即可。

鸭肉营养丰富，具有清热健脾、养胃生津的作用。这道砂锅鸭肉面既营养美味又制作方便，且特别适宜夏秋季节食用，不但能补充儿童过度消耗的营养，而且还可有效去除暑热给人体带来的不适。

虾仁鸡蛋卷

◐ 原料：鸡蛋4个，紫菜25克，虾仁65克，胡萝卜55克，芹菜35克

◐ 调料：盐、鸡粉各2克，白糖3克，料酒4毫升，生粉、水淀粉、食用油各适量

◐ 做法：

1.取一个碗，打入3个鸡蛋，调制成蛋液。
2.再取1个鸡蛋打开，取出蛋清，加生粉调匀，制成蛋白液。
3.将备好的胡萝卜丁、芹菜末、虾仁丁加调料拌匀，腌渍10分钟，制成馅料。
4.锅中油烧热，倒入蛋液，煎成蛋皮，盛出。
5.将紫菜、馅料放入蛋皮中，卷成蛋卷，抹蛋白液封口；制成蛋卷生坯，摆放在蒸盘中。
6.蒸锅上火烧开，放入蒸盘，中火蒸10分钟至熟透；关火后取出蛋卷，放凉后切小段即可。

专家点评

虾仁营养价值高，其维生素A、胡萝卜素和无机盐的含量较高，脂肪含量低且多为不饱和脂肪酸，具有增强免疫力、理气开胃等功效。此道菜口感滑嫩，味道鲜美，非常适合夏季儿童食用。

荷叶牛肚汤

◐ 原料：牛肚200克，荷叶、桂皮、茴香、姜片、葱花各少许

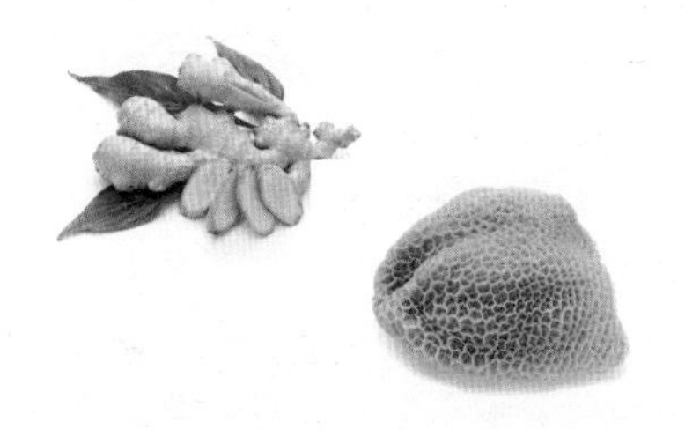

◐ 调料：料酒8毫升，盐2克，鸡粉2克，胡椒粉少许

◐ 做法：

1.洗净的牛肚切开，再切成条。
2.砂锅中注入适量清水烧开，倒入荷叶、桂皮、茴香。
3.撒上姜片，放入切好的牛肚。
4.淋入适量料酒，拌匀。
5.盖上盖，烧开后小火煮1小时至食材熟透。
6.揭开盖，加入少许盐、鸡粉、胡椒粉。
7.搅拌匀，续煮片刻至食材入味。
8.关火后把煮好的汤料盛出，装入碗中，撒上葱花即可。

专家点评

牛肚含有蛋白质、矿物质、维生素B_1、维生素B_2、烟酸等营养成分，具有补益脾胃、补气养血、消渴等功效；夏季搭配具有清热祛暑作用的荷叶煲汤食用，有助于增进儿童食欲。

金枪鱼鸡蛋杯

◐原料：金枪鱼肉60克，彩椒10克，洋葱20克，熟鸡蛋2个，沙拉酱30克，西蓝花120克

◐调料：黑胡椒粉、食用油各适量

◐做法：

1.熟鸡蛋对半切开，挖去蛋黄，留蛋白。
2.洗净的彩椒、洋葱切粒，金枪鱼肉切成丁。
3.锅中注水烧开，淋入食用油。
4.倒入西蓝花，拌匀，煮约2分钟至断生。
5.捞出焯煮好的西兰花，沥干水分，待用。
6.金枪鱼装碗中，放洋葱、彩椒、沙拉酱。
7.撒上黑胡椒粉，搅拌均匀，制成沙拉。
8.将西蓝花摆入盘中，放上蛋白，再摆上余下的西蓝花。
9.将拌好的沙拉放在蛋白中即可。

专家点评

金枪鱼含蛋白质、维生素、铁、钾、钙等营养成分，具有补充钙质、促进儿童骨骼发育等功效；鸡蛋含有儿童成长所需的卵蛋白、卵球蛋白、钙、磷等，是儿童生长发育的理想食品。

儿童秋季增高食谱

秋季，儿童长高巧储备

一般来说，孩子在春季长得较快，在秋季却较缓慢，这是否意味着秋季就要不必注重让孩子长个头的调养呢？当然不是。秋季，天高气爽，温度适宜，孩子的食欲也在逐渐增强，是孩子适当进补的好季节。在秋季为孩子进补，可为孩子储备骨骼生长所需的营养并调节体内环境，同时也为冬季的到来做好御寒准备。

除了营养的储备要充足外，同样也应保证孩子充足的睡眠。睡眠充足并不仅仅指睡眠时间的充足，还应保证较高的睡眠质量，让孩子入睡的时间规律化。

饮食指导

秋季正是许多新鲜蔬果上市的季节，妈妈可适当用这些新鲜的蔬果给孩子增加营养。但秋季孩子食欲较为旺盛，如果吃得过多易导致肥胖，影响身高的增长。所以，这个季节，父母也不要借着“补秋膘”而一味给孩子大补特补。

秋季天气干燥，易上火，如果饮食不当，往往会发生便秘、口疮、流鼻血等上火症状。因此，妈妈在饮食上还要注意为孩子“润燥”“去燥”，多吃一些滋阴润燥的食物，如萝卜、芹菜、冬瓜、莲藕、苹果、梨、香蕉等，少吃辛热食物，如葱、蒜、辣椒、羊肉、桂圆等。

此外，饮食上还要注意增加蛋白质的摄入量。除肉类和豆腐外，可让孩子多吃一些海鱼、海虾等海产品。鱼肉含动物蛋白和钙、磷及维生素等，易被人体消化吸收，非常适合孩子食用。不过，孩子若此时正值“上火”或患有过敏性疾病，最好不要吃虾。

增高秘籍

秘籍一：多做弹跳运动

跳绳、跳皮筋、纵跳摸高等弹跳运动，可使下肢得到节律性的压力，充足的血液供应会加速儿童骨骼生长。家长可鼓励孩子经常做一些弹跳运动，有益于孩子长高。弹跳运动以每次5～10分钟，每天1～3次为宜。

秘籍二：预防疾病

秋季气温多变，正是孩子咳嗽、腹泻的高发季节。如果孩子生病，身体健康就会受到损害，而且患病的孩子一般食欲不振，营养跟不上必定会影响孩子长高。特别是小儿腹泻，不仅会导致营养摄入的减少，还会影响营养的吸收，阻碍孩子的成长发育。因此，家长要注意秋季儿童保健，减少孩子患病的概率。

鲜虾豆腐煲

◐ 原料：豆腐160克，虾仁65克，上海青85克，五花肉200克，干贝25克，姜片、葱段各少许，高汤350毫升

◐ 调料：盐2克，鸡粉少许，料酒5毫升

◐ 做法：

1.洗净的虾仁切开，去除虾线；洗好的上海青切小瓣，豆腐切小块，五花肉切薄片。

2.锅中水烧开，倒上海青，煮至断生后捞出。

3.沸水锅中倒入五花肉片，淋料酒，煮1分钟，捞出待用。

4.砂锅置火上，倒高汤，放干贝、肉片，撒姜片、葱段，淋料酒；烧开后小火煮至变软。

5.加调料调味，倒入虾仁、豆腐块，小火续煮至全部食材熟透。

6.关火后，放焯熟的上海青，端下砂锅即成。

专家点评

虾仁营养价值高，含有丰富的维生素A、胡萝卜素和无机盐等；上海青含有蛋白质、维生素、钙、磷、铁等营养成分，具有改善便秘、增强免疫力等功效。两者搭配食用，可帮助儿童更好地吸收营养。

长高食谱

南瓜鸡蛋面

◐原料：切面300克，鸡蛋1个，紫菜10克，海米15克，小白菜25克，南瓜70克

◐调料：盐2克，鸡粉2克

◐做法：

1.洗净去皮的南瓜切成薄片，备用。
2.锅中注水烧开，倒入洗好的海米、紫菜。
3.放入南瓜片，用大火煮至断生。
4.放入面条，拌匀，再煮至沸腾。
5.加盐、鸡粉，放入洗好的小白菜，拌匀，煮至变软。
6.捞出食材，放入汤碗中，待用。
7.将留下的面汤煮沸，打入鸡蛋，用中小火煮至成形。
8.关火后盛出荷包蛋，摆放在碗中即可。

南瓜含有维生素、膳食纤维、磷、铁及人体所需的多种氨基酸，具有增强儿童免疫力、滋养皮肤的功效；紫菜含丰富的钙、磷和铁，此道膳食能促进儿童骨骼生长发育，帮助孩子长高。

鸭血虾煲

◐ 原料：鸭血150克，豆腐100克，基围虾150克，姜片、蒜末、葱花各少许

◐ 调料：盐少许，鸡粉2克，料酒4毫升，生抽3毫升，水淀粉5毫升，食用油适量

◐ 做法：

1.洗净的豆腐、鸭血切成块。

2.锅中注水烧开，加盐、食用油，倒入豆腐块、鸭血块，略煮片刻，捞出。

3.锅中油烧至五成热，放入备好的基围虾，炸至变色，捞出。

4.锅底留油，放蒜末、姜片、基围虾，炒匀。

5.倒豆腐、鸭血，加鸡粉、盐、清水、料酒。

6.淋入生抽、水淀粉，翻炒匀，略煮片刻。

7.把煮好的食材盛出装入砂锅中，煮3分钟。

8.关火后取下砂锅，揭开盖，撒上葱花即可。

专家点评

鸭血中除含有丰富的蛋白质及多种人体不能合成的氨基酸外，还含有铁、钙等矿物质和多种维生素，能够为成长中的儿童补充足够的铁，缓解因缺铁造成的肌肉无力、精神不佳等症状。

咖喱花菜

原料：花菜200克，姜末少许

调料：咖喱粉10克，盐2克，鸡粉1克，食用油适量

做法：

1.将洗净的花菜切小朵，备用。

2.锅中注水烧开，加入少许食用油、盐，放入切好的花菜。

3.拌匀，煮约1分30秒，至食材断生后捞出，沥干水分，待用。

4.用油起锅，撒上姜末，爆香，加入适量咖喱粉，炒香。

5.倒入焯过水的花菜，快速翻炒均匀。

6.加入少许盐、鸡粉，炒匀调味。

7.关火后盛出炒好的菜肴，装入盘中即可。

花菜味甘鲜美，食后易消化吸收，其中的维生素C含量非常高，不但有利于儿童生长发育，还能提高人体免疫功能，增强儿童的抗病能力。儿童常吃花菜，还可保护视力、提高记忆力。

红烧武昌鱼

◐ 原料：武昌鱼600克，姜片、葱段各少许

◐ 调料：盐2克，料酒5毫升，老抽2毫升，生抽4毫升，食用油适量

◐ 做法：

1.处理干净的武昌鱼两面切上花刀，备用。
2.锅中油烧热，放入武昌鱼，小火煎出香味。
3.翻转鱼身，煎至两面断生。
4.放入姜片、葱段，爆香。
5.注入少许清水，加入适量盐，淋料酒、老抽、生抽，搅匀。
6.盖上锅盖，烧开后转用中火焖约10分钟至食材入味。
7.揭开锅盖，用大火收汁。
8.关火后盛出焖煮好的菜肴，摆入盘中即可。

武昌鱼营养价值高，含有丰富的优质蛋白、不饱和脂肪酸、维生素D等物质，具有益脾健胃、补虚养血的功效；此外，武昌鱼还含有大量的磷和烟酸，儿童常食可起到健脑、增高的作用。

儿童冬季增高食谱

冬季，儿童长高添助力

凉爽的秋天刚过去，紧随而至的冬天就来临了。冬季是万物积蓄力量、等待萌发的季节，父母如果能够抓住这个良好时期，为孩子的生长发育提供适当的营养，必定能为孩子长高助力。然而随着气温的下降，日照时间的缩短，特别是近年来许多城市频频出现的雾霾天气，使得孩子的户外活动时间明显减少。孩子与阳光接触少了，体内维生素D的自身合成就会明显减少，容易造成钙质的吸收不足，再加上冬季气温低，机体对钙的利用率也明显降低，就更容易引起孩子缺钙。缺失的钙质如果没有得到及时补充，就会严重影响孩子的骨骼发育和成长，成为阻碍孩子长高的“拦路虎”。因此，在“冬藏”的季节，妈妈尤其要注意为孩子补足钙质。

饮食指导

冬季饮食的一个重要作用就是给身体保暖，但是对正处于生长发育阶段的儿童来说，除了适当增加进食量以满足机体对热能的需要外，还要注意营养的全面均衡。

冬季儿童容易缺乏维生素D，因此家长在儿童膳食中应增加一些富含维生素D的食物，如动物肝脏等。饮食宜尽量做到清淡少油腻，适当增加蔬菜的进食量，同时，多食用香菇、银耳等菌藻类食物及海带、紫菜等水产品，对增强孩子抵抗力非常有益。

此外，冬季热量散发较快，家长在为孩子安排饮食时，还可增加一些“肥甘厚味”的食物，但不宜过多，且仍然需要遵循均衡膳食的饮食原则。

增高秘籍

秘籍一：勿过度保暖

一到冬天，很多孩子就被家长裹成了一个“小粽子”，然而过度保暖会导致孩子手脚施展不开，运动迟缓。孩子行动不方便就不爱运动，运动量少了，食欲自然也就跟着减退，以致影响了孩子正常的生长发育。因此，冬季保暖，适度即可。

秘籍二：多晒太阳

太阳晒得少，机体对钙的吸收效果变差，也是冬季孩子较难长高的原因之一。钙作为“生命基石”，对儿童的骨骼和牙齿发育具有重要作用，而晒太阳则是为了更好地补充维生素D，从而促进机体对钙的吸收。进入冬季，孩子外出活动的次数减少了，晒太阳的时间也相应地减少了。因此，家长要让孩子多进行户外锻炼，多晒太阳，以帮助钙更有效地被吸收。一般可选择在上午10点以后、下午4点之前阳光较充足的时段外出。

香菜炒羊肉

◐ 原料：羊肉270克，香菜段85克，彩椒20克，姜片、蒜末各少许

◐ 调料：盐3克，鸡粉、胡椒粉各2克，料酒6毫升，食用油适量

◐ 做法：

1.将洗净的彩椒切粗条。
2.洗好的羊肉切片，再切成粗丝，备用。
3.用油起锅，放入姜片、蒜末，爆香。
4.倒入羊肉，炒至变色，淋入少许料酒，炒匀提味。
5.放入彩椒丝，用大火炒至变软。
6.转小火，加盐、鸡粉、胡椒粉，炒匀调味。
7.倒入备好的香菜段，快速翻炒一会儿，至其散出香味。
8.关火后盛出炒好的菜肴即成。

羊肉含有丰富的蛋白质、钙、铁、维生素D等营养成分，肉质细腻，容易消化，且含有充足的热量，儿童冬季食用能增加身体的热量，在抵御严寒的同时温补身体；搭配香菜食用，可去掉羊肉的膻味，让孩子更爱吃。

爆香猪肚

◐ 原料：熟猪肚300克，胡萝卜120克，青椒30克，姜片、葱段各少许

◐ 调料：盐、鸡粉各2克，生抽、料酒、水淀粉各少许，食用油适量

◐ 做法：

1.将熟猪肚去除油脂，切开，再用斜刀切片。
2.洗净去皮的胡萝卜切薄片，青椒去籽切片。
3.锅中注水烧开，倒入猪肚，煮约1分30秒，去除异味，捞出，待用。
4.另起锅，注水烧开，倒入胡萝卜、青椒，加油、盐，拌匀，煮至断生。
5.捞出焯煮好的材料，沥干水分，待用。
6.用油起锅，倒姜片、葱段，爆香。
7.放入猪肚、胡萝卜、青椒，加调料炒匀调味；关火后盛出炒好的菜肴，装入盘中即可。

猪肚含有蛋白质、脂肪、糖类、维生素及钙、磷、铁等营养成分，具有补虚损、健脾胃的功效；青椒的维生素C含量很丰富，与猪肚搭配食用，可帮助儿童提高免疫力，有助于其生长发育。

长高食谱

鸡肉蒸豆腐

◐原料：豆腐350克，鸡胸肉40克，鸡蛋50克

◐调料：盐、芝麻油各少许

◐做法：

1.鸡蛋打散，调制成蛋液；洗好的鸡胸肉剁成末，装入碗中，倒入蛋液，加盐，拌至起劲，制成肉糊。

2.锅中水烧热，加盐，放入豆腐，煮约1分钟，捞出，放凉。

3.将豆腐剁成细末，淋芝麻油，拌匀制成豆腐泥；装入蒸盘，铺平，倒入肉糊，待用。

4.蒸锅上火烧开，放入蒸盘，中火蒸约5分钟至食材熟透。

5.取出蒸盘，待稍微放凉后即可食用。

豆腐营养价值很高，含有蛋白质、B族维生素、钙、铁、锌等营养成分，对儿童的生长发育和强健大脑有益；鸡肉含人体生长发育所需的磷脂类，儿童常食可增强体质、强壮身体。

辣味虾皮

◐原料：红椒25克，青椒50克，虾皮35克，葱花少许

◐调料：盐2克，鸡粉1克，辣椒油6毫升，芝麻油、陈醋各4毫升，生抽5毫升

◐做法：

1.洗好的青椒切段，再切开，去籽，切粗丝，改切成粒。

2.洗净的红椒切开，去籽，再切粗丝，改切成粒，装入盘中，待用。

3.取一个小碗，加入盐、鸡粉、辣椒油、芝麻油、陈醋、生抽，拌匀，调成味汁。

4.另取一个大碗，倒入青椒、红椒、虾皮。

5.再撒上少许葱花，倒入制好的味汁，拌至食材入味。

6.将拌好的菜肴盛入盘中即可。

专家点评

虾皮含钙丰富，有“钙库”之称，其味道鲜美，易于被儿童接受，是儿童生长期食用的较佳补钙食物。将虾皮搭配适量的青椒、红椒给儿童食用，对增进儿童食欲和增强儿童体质都很有好处。